Oktober 2017

Inhalt

Vorwort

„Schätzelein, ich habe Visionen!" Meist zuckte ich bei diesen Worten Tammes zusammen. Zu oft waren dies abenteuerliche Ideen, deren Ausführungen häufig genug an mir hängen blieben. Ich war gespannt, was kam.

„Ich glaube, die Menschen warten auf noch ein Buch von mir. Das erste ist doch schon recht alt und es ist so viel passiert. Da reichen die Sendungen nicht aus. Da muss mehr her. Die Leute haben ein Recht auf weitere Geschichten vom Knochenbrecher." Gut, das war eine vernünftige Idee. Dem konnte ich zustimmen und ihn nur unterstützen.

Dies liegt nun weit zurück, obwohl es erst im letzten Jahr geschah. Doch so viel ist in den letzten Monaten passiert, dass in den wenigen Augenblicken, die ich mir zum Innehalten schenke, Zeit eine ganz andere Bedeutung bekommt. Sie fließt nicht nur, sie rast und mit ihr der Strom der Erinnerungen. In den drei letzten Monaten des Jahres 2016 verlor ich mit diesem ganz besonderen und einzigartigen Mann und mit meiner Mutter nicht nur die beiden wichtigsten Menschen in meinem Leben, sondern auch mein eigenes Leben veränderte sich, das durch die Liebe zu und die Arbeit mit dem Knochenbrecher geprägt war.
Wie einen finalen Stoß des Schicksals überlebte ich am Ende dieses schicksalhaften Jahres dann auch noch einen Autounfall, der wesentlich schlimmer hätte ausgehen können. Für mich ein Signal, dass ich in der ersten Reihe stehen und unsere Arbeit erfolgreich weiterführen soll:
Die Arbeit mit den geliebten Tieren und dem Hankenhof.

Zufälle gibt es ja nicht, alles passiert so, wie es soll. Und so halten Sie nun dieses Buch in der Hand. Geboren aus einer Vision Tammes.

Im August 2016 befand er sich mit der Umsetzung seiner Vision schon ein gutes Stück in der Realisierung. Wir hatten Besuch von den Menschen bekommen, die nun dieses Buch veröffentlichen: dem Verleger Franz-Christoph Heel mit seinem 10-jährigen Sohn Karl-Friedrich, der Programmleiterin Karin Michelberger, der Lektorin Ulrike Reihn-Hamburger und natürlich dem Deutsch Langhaar Jack.

Das Treffen diente einem ersten Kennenlernen und der Besprechung möglicher gemeinsamer Projekte. Wir verbrachten einen sehr schönen und informativen Tag miteinander, der mit dem Wunsch endete, etwas gemeinsam zu realisieren. Tamme wechselte zeitgleich sein Management. Dieses brachte ihn auch mit einem möglichen Autor für zukünftige Buchprojekte zusammen. Kai Schmid und Tamme lernten sich kennen und verstanden sich auf Anhieb gut. Es sollten noch weitere Treffen stattfinden.

Dann geschah das, was nicht hätte passieren dürfen. Tamme ging viel zu früh von mir. In der Zeit danach regelte ich erfolgreich die Dinge, die zu regeln waren und schob vieles andere an. Die Idee eines Buches wurde wieder aufgegriffen. Mir wurde der Kontakt zu Kai Schmid vermittelt und wir besprachen uns, tauschten Ideen aus und beschlossen, das Buch gemeinsam zu realisieren.

Dies ist mein Beitrag zur Würdigung eines einzigartigen Lebens und ein Geschenk an Tammes Fans in der ganzen Welt.
Die Arbeit an diesem Buch war ein wichtiger Schritt für mich in der Auseinandersetzung mit der Vergangenheit, der Gegenwart und der Zukunft.

Kapitel 1

So haben wir uns kennengelernt

Johannes B. Kerner war an allem Schuld. Daran, dass ich im Jahr 2002 mit meinem alten, hölzernen schwarz-gelben Pferdeanhänger – gezogen von einem noch älteren Auto – in Richtung Filsum, dieser Stadt oder besser diesem Dorf im Norden, unterwegs war, wo ich vieles fand, womit ich nicht gerechnet hatte – am allerwenigsten, dass mein Leben sich grundlegend ändern würde.

Vor dem Beginn dieser Reise stand eine zweijährige Odyssee. Ich hatte es mir zur Aufgabe gemacht, meinem geliebten niederländischen Wallach Grand Cru etwas Gutes angedeihen zu lassen. Wir hatten in den letzten Jahren unermüdlich gearbeitet. Waren von Turnier zu Turnier gefahren, hatten Erfolge, aber auch Misserfolge. Ich entwickelte meine eigene Reitmethode weiter und mein Gefährte hatte mich bei all diesen Vorhaben treu begleitet. Vieles wusste ich damals schon von den Bedürfnissen, der Physiognomie und dem Verhalten dieser wunderbaren Geschöpfe, ich wusste aber auch, dass ich noch vieles lernen musste. So war es für mich selbstverständlich, mich nicht auszuruhen – etwas, das sowieso nicht meinem Naturell entspricht –, sondern mich mit anderen Pferdeliebhabern auseinanderzusetzen, nach links und rechts zu schauen und meine eigenen Grenzen auszuloten und zu respektieren. Durch die Beschäftigung mit dem Körperbau, den Bewegungsabläufen und der Motorik der Pferde konnte ich einige Störungen schon erkennen, war aber dennoch erst am Anfang meiner Studien, die bis heute andauern.

Grand Cru

Zu dieser Zeit war eine Pferde-Osteopathin bei uns tätig. Bei uns bedeutet in diesem Fall Moers, wo ich wohnte, meine Ausbildung als Speditionskauffrau gemacht hatte, und wo ich damals für eine Brauerei im Marketing arbeitete. Wo ich in der Reiteranlage meine Freizeit verbrachte, in der meine Pferde lebten. Sie sollte sich Grand Cru einfach einmal anschauen. Vielleicht hatte ich während der letzten Monate etwas übersehen, vielleicht waren Blockaden entstanden, die ich gar nicht wahrgenommen hatte. Ein Termin war schnell gemacht und sie erschien zum vereinbarten Zeitpunkt an der Reitanlage. Mit scheinbar geübten Griffen tastete sie Grand Cru ab, ließ ihn auf und ab gehen und traben und beobachtete seinen Gang. Mir schien alles normal und ich war insgeheim beruhigt. Aber noch stand eine Diagnose aus.

„Ihr Pferd hat einen Beckenschiefstand." „Oh, ach wirklich?" „Ja, ganz deutlich. Aber keine Angst, ich bekomme das schnell wieder hin und er wird ganz der Alte." Nun gut, ich hatte dies wirklich noch nicht bemerkt, für mich verhielt sich mein Schatz ganz normal, keine Blockaden sicht- und fühlbar, keine Schwierigkeiten beim Reiten. Aber sie war die Fachfrau, sie würde wissen, was zu tun sei. Das tat sie auch. Langsam tastet sie das Becken ab, drückte, zerrte und strich an meinem Freund entlang.

„Jetzt sollte alles wieder gut sein. Geben Sie ihm noch einige Zeit Ruhe und belasten Sie ihn erst langsam wieder, dann sollte alles wie früher sein."

Nichts war mehr wie früher!

Grand Cru bekam bei Belastung ganz offensichtlich Schwierigkeiten. Er fing an zu stöhnen und bewegte sich steif. Während er früher gleichmäßig und ruckfrei arbeitete und alle Gänge fehlerfrei vollziehen konnte, bemerkte ich nun immer mehr Stockungen und Unsauberkeiten in seinem Bewegungsablauf. Anfangs dachte ich noch, nun gut, durch den Beckenschiefstand hat es viele Blockaden in der Muskulatur gegeben, die sich jetzt langsam lösen und wieder in ihre ursprüngliche Funktion zurückfinden und dies braucht seine Zeit, aber mit der Zeit wurde es eher schlimmer als besser. Also suchte ich Rat bei anderen Fachleuten, Pferde-Chiropraktikern und Heilkundlern. Akkupunktur schien für ein paar Wochen und manchmal sogar Monate zu helfen, aber letztendlich kamen die Beschwerden zurück. Ich informierte mich bei anderen Pferdebesitzern, suchte nach Rat im Internet und probierte den einen oder anderen Arzt, Heilkundigen oder mehr oder weniger Sachverständigen aus. Es war nicht so, dass Grand Cru ernsthaft gefährdet schien oder unter unerträglichen Beschwerden litt, aber meinem Pferd ging es nicht gut und das sollte nicht sein, durfte nicht sein!

„Fahr doch mal zu diesem Knochenbrecherdings." – „Zu wem oder was?" Manchmal wurde ich aus meiner Mutter nicht schlau. Wir waren immer sehr verbunden und so etwas wie beste Freundinnen. Dies bedeutete aber nicht, dass ich all ihre Gedankengänge nachvollziehen konnte. Ich erzählte ihr natürlich viel von meiner Arbeit mit Pferden und sie nahm immer regen Anteil an meinen Fortschritten mit den Tieren, aber diesmal stand ich völlig auf dem Schlauch, was sie denn nur damit meinte.

„Na, du dokterst doch schon seit wer weiß wie lange mit deinem Grand Cru rum. Bis jetzt hat ja wohl nix geholfen, oder? Und da hab ich doch gestern beim Kerner diesen Knochenbrecher gesehen. Großer Kerl aus Ostfriesland. Erzählt, dass er Pferde heilen kann, durch Einrenken oder sowas."

Johannes B. Kerner hatte damals seine eigene Show beim ZDF. Meine Mutter war schon immer an politischen und tagesaktuellen Themen interessiert und mochte Herrn Kerner irgendwie besonders.
„Ja, also, der hat da einen Bauernhof irgendwo in Ostfriesland und dann gibt es da immer so Kummertage und dann kommen viele Pferde- und Hundebesitzer und er guckt sich die Tiere an und tastet sie ab. Und dann renkt er sie ein oder so und den Tieren geht es dann wieder gut. Sie laufen wieder ganz normal, die Beschwerden sind ganz weg oder er gibt Tipps, was der Halter besser machen muss. Die Gabe hat er

Ein ausgezeichnetes Team

irgendwie von seinem Großvater geerbt. Die nennen sowas in Ostfriesland ‚Knochenbrecher' und das muss es wohl schon seit Jahrhunderten da oben geben."

> „Ich geb' doch meinen Grand Cru
> nicht in die Hände eines Knochenbrechers!"

„Wer weiß, was der mit ihm anstellt. Das war ja wohl einer der üblichen Ostfriesenwitze", dachte ich.

Aber irgendwie war meine Neugierde doch geweckt. Schließlich kam der Tipp von meiner Mutter und dann durfte der Mann ja auch bei Johannes B. Kerner auftreten und der wird schon wissen, wen er sich da zu seiner Sendung einlädt. So ganz unseriös kann das nicht sein. Dennoch nutzte ich erst einmal das Internet, um mich genauer über diesen „Knochenbrecher" zu informieren und hatte nun endlich auch einen Namen: Tamme Hanken. Da sah ich einen wirklich riesengroßen Kerl, der, wenn man den Berichten Glauben schenken durfte, wundersame Dinge an den Tieren vollbrachte. Von Filsum hatte ich auch noch nichts gehört, aber so weit weg war das Dorf in der Nähe von Leer dann doch nicht, das waren höchstens drei bis dreieinhalb Stunden Fahrt mit einem Pferdeanhänger. Also durchaus machbar. Da war ich anderes gewohnt auf meinen Fahrten zu Turnieren oder Kunden. Ich war Neuem gegenüber immer aufgeschlossen und es machte mich wirklich neugierig, was dieser Mann mit den großen Händen denn nun wirklich mit den Tieren anstellen konnte.
Einen Versuch war es wert und auch meine Reitkolleginnen bestärkten mich in meinem Vorhaben. Schließlich ging es um das Wohlbefinden meines geliebten Grand Cru und da wollte ich nichts unversucht lassen. Ich entschloss mich also, es zu versuchen. Eine Telefonnummer war schnell gefunden und so rief ich dann beim Knochenbrecher an. Eine dunkle, tiefe, norddeutsch gefärbte Stimme meldete sich und fragte ganz seriös nach meinem Anliegen. Ich schilderte meinen Fall und be-

*Mit Grand Cru
auf dem Weg zum
Hankenhof*

kam auch schon recht zeitnah einen Termin zu einem der Kummertage. Ich sollte mich am 7. April 2002 auf dem Hankenhof in Filsum mit Grand Cru vorstellen. Da dies ein Samstag war und ich nicht gerne gestresst morgens erscheinen wollte, fragte ich noch, ob es machbar wäre, einen Tag früher anzureisen und ob es Übernachtungsmöglichkeiten gäbe. Kein Problem, Grand Cru könnte in der Anlage untergebracht werden und für mich würde es auch eine Übernachtungsmöglichkeit im nahegelegenen Gasthof geben. Es schien alles zu klappen. Ich plante also meine Reise.

An einem sonnigen Freitagmorgen machte ich mich auf zu dem Reiterhof, bei welchem Grand Cru untergebracht war. Bei meinen vielen Überstunden in der Brauerei war es kein Problem, einen Tag freizubekommen. Den alten, schwarz-gelben, hölzernen Pferdanhänger, der schon so oft im Einsatz war, hatte ich tags zuvor schon fertig gemacht, sodass nicht mehr viel zu tun war: Hänger hinter das Auto spannen, Grand Cru verladen und Richtung Norden brausen. Ja, das Verladen war wirklich kein Problem. Ich hatte schon so viele Pferde gesehen, die beim Verladen scheuten, die aufbockten oder nur mit der Hilfe vieler Hände in einen Anhänger geführt werden konnten, aber das Vertrauen zwischen meinem Pferd und mir war so groß, dass Grand Cru sich bereitwillig einchecken lies. Oft beobachtete ich, wie es ihm scheinbar eine Freude machte, unterwegs zu sein, mit mir zusammen Neues zu entdecken und neue Aufgaben zu bewältigen. Letzte flapsige Bemerkungen meiner Stallkameradinnen verabschiedeten uns, à la:

„Pass nur auf, dass der Knochenbrecher
nicht auch Herzen bricht."

Als gebürtige Niederrheinerin liebe ich das flache Land, das den Blick unendlich schweifen lässt und die Sehnsucht nach Weite, nach dem „Immer-Weiter" befriedigt: Grüne Wiesen mit schwarz-weiß- oder braun-gescheckten Kühen. Pferde tummeln sich in Herden und galoppieren über das weite Land. Alleen von Bäumen, rote Backsteinhäuser und Mühlen, Kanäle und Flüsse und immer eine Ahnung des nahen Meeres. Das ist es, was ich liebe, das ist meine Heimat und in dieser Landschaft bewegte ich mich nun Richtung Filsum. Damals war der sogenannte „Ostfriesenspieß", also die heutige A31 noch nicht so gut ausgebaut, sodass ich eine etwas längere Fahrzeit einplante. Aber ich hatte keine Eile und genoss das langsame Dahinfahren mit dem Hänger und die Möglichkeit, die Landschaft, die meinen Weg säumte, genauer wahrzunehmen. Der nette Herr Hanken hatte mir ja ein Zimmer besorgt und der Termin für den anderen Tag stand fest, also warum Stress haben? Nein, ich genoss die Fahrt. Schnurgerade zog sich die Autobahn durch die Landschaft, die schon damals, Anfang April, saftige grüne Wiesen und die erste zaghafte Begrünung an den Bäumen zeigte. Ein fruchtbares Land, bewohnt von schweigsamen Menschen, die mit der Natur und für die Natur leben. Die den Wind respektieren und die Gewalt des nahen Meeres. Die lieber Tee als Kaffee trinken.

Nach einer knapp vierstündigen Fahrt näherte ich mich meinem Ziel. Ausfahrt Filsum, da stand es schon. Noch einige Straßen, noch einige erste Eindrücke und ich sah das erste Hinweisschild. Das Dorf machte auf mich einen sympathischen Eindruck, so wie ich schon andere idyllische Dörfer im Norden kennengelernt hatte. Es gab natürlich eine Kirche, oder besser gesagt eine, die mir auf meinem Weg aufgefallen ist, die Gaststätten, die „Dorfkrug" oder „Bei Blank" hießen und regionale Köstlichkeiten wie „Hannoveraner Hengstschluck" oder „Folts Kruiden" servierten, wie ich später noch feststellen durfte. Es gab die kleinen Geschäfte, die ein Leben auch außerhalb einer großen Stadt angenehm machten, die kleinen Teestuben und Cafés, den örtlichen Raiffeisenmarkt und vieles mehr, worauf die knapp 2000 Bewohner dieses Dorfes zu Recht stolz sein konnten. Und es gab natürlich den Hankenhof, zu dem ich über eine geschwungene S-Kurve langsam einfuhr. Ich sah vor mir einen großen roten Backsteinbau, umsäumt von einer mächtigen Hecke und linkerhand der Straße Wirtschaftsgebäude mit landwirtschaftlichem Gerät. Langsam zog ich mit meinem Hänger die Straße entlang, um dann vor dem Hof zum Stehen zu kommen. Da war ich also: beim Knochenbrecher, am Hankenhof. Tamme hatte mir schon bei unserem Telefongespräch mitgeteilt, dass er am Freitag tagsüber nicht da sei, seine freundlichen und kompetenten Helfer sich aber um alles kümmern würden. Grand Cru bekam einen schönen Einstellplatz, die Fahrzeuge wurden verstaut und ich machte mich auf zu meiner Unterkunft, die nur einige wenige Straßen vom Hankenhof entfernt lang. Das machte hier schon mal einen guten Eindruck und ich fühlte mich mit meinem Liebling gut aufgehoben.

Der kleine Landgasthof „Bei Blank" bot mir ein schnuckeliges Zimmer, welches liebevoll ausgestattet war und meinen Ansprüchen vollständig genügte. Herr Hanken, so verkehrten wir damals ja noch, hatte gesagt, dass er sich am Abend noch gerne mit mir treffen wollte, um ein wenig zu schnacken. Natürlich über Pferde. Das passiert fast immer, wenn Pferdemenschen zusammen sind. Es geht um Pferde, Pferde und nochmals Pferde. Und wie viel gibt es auch darüber zu erzählen. Ich könnte mich mit nichts anderem beschäftigen, als mit diesen edlen Geschöp-

Training mit Grand Cru,
Lehrgang, Heide 2001

Tamme bei der Arbeit

fen, in deren Gegenwart ich mich so gut fühle, die mir so viel Nähe, Geborgenheit und Freude geben. Pferde sind nie falsch, sie spiegeln dich wieder, geben dir das, was du zu geben bereit bist und was sie bewegt. Wie ein Seismograph spiegeln sie dir deine Befindlichkeit wieder, nehmen sie auf und reagieren darauf.

Am Abend rief mich Tamme an, um zu sagen, dass er wieder im Lande sei und ob ich nicht Lust hätte, noch im Gasthof vorbeizuschauen, er würde dort mit Freunden, mit denen er tagsüber eine ausgiebige Bootsfahrt unternommen hatte, bei einem Glas sitzen. Ich war neugierig. Einer jener typischen Gasträume erwartete mich. Ein Tresen, um den herum Männer saßen, die in Bier- und Schnapsgläser starrten und ansonsten regungslos in einer anderen Welt zu sein schienen. Selbst das „Oh, eine Fremde in der Stadt"-Begutachten fiel norddeutsch verhalten aus. Tamme war nicht zu übersehen, wie er mit seinen über zwei Metern an dem Tisch in der Ecke mit seinen Freunden saß. Diese waren, wie gesagt, den ganzen Tag über mit dem Boot unterwegs gewesen, etwas, das Tamme immer gefallen hat, wie ich in der Zukunft feststellen würde. Freunde waren für ihn immer wichtig, auch wenn er in seiner Art dies vielleicht nicht immer zum Ausdruck bringen konnte und dadurch auch mal missverstanden wurde. Einige seiner engsten Freunde begleiteten ihn schon über sehr, sehr viele Jahre und sind heute noch immer da. Das ist auch etwas, was ich nicht vergessen werde.

„Ah, du musst das Mädchen vom Niederrhein sein. Dann komm mal bei uns bei." Wer konnte einer solch charmanten Einladung widerstehen? Schnell wurden wir bekannt gemacht.

„Auch ein Bier und einen Schnaps?"

Ich blieb erst einmal bei Alsterwasser. Da saß ich also bei dem Knochenbrecher. Beeindruckend. Zunächst wirklich seine Körpergröße. Mit 2,06 Metern überragte er alles und jeden. Ich musste, ob ich wollte oder nicht, immer zu ihm aufschauen. Seine Stimme war mir schon bekannt und sie hatte denselben Klang, tief und norddeutsch gefärbt, den ich schon vom Telefon kannte. Große, sehr große Hände hatte er, die nach körperlicher Arbeit aussahen, man wusste, dieser Mann sitzt nicht am Schreibtisch, sondern kann zupacken. Das gefiel mir. Wache, braune Augen, die schelmisch blitzten und alles genau mitbekamen. Schnell waren wir bei dem einzig wahren Thema: Pferde. Auch seine Freunde schienen sich auszukennen. Wer aber natürlich am meisten erzählte, war Tamme. Seine Begeisterung, seine Freude und sein Wissen waren mit jedem Satz spürbar, sie rissen mich mit und gespannt lauschte ich seinen Erzählungen über Erlebnisse mit den Tieren.

> Da wusste jemand, worüber er sprach;
> da war jemand, der seinen Beruf liebte,
> der eine Berufung hatte.

Und, um keine Gefühle zu verletzten oder blasphemisch zu klingen, manchmal hörten sich seine Geschichten fast wie Predigten an, wenn er

Kummertag
auf dem
Hankenhof

über das Unvermögen von Haltern sprach und was sie besser machen müssten, wenn er über die Landwirtschaft und deren Situation sprach und was alles zu verbessern wäre, und, und, und … Und dann gab es doch richtiges Bier und Schnaps. Und dann war es spät. Sehr spät. Aber das schien man in der Gaststätte von Tamme zu kennen, das war ein Mann, der lebte, der viel arbeitete, der feierte und wenn, dann alles richtig. Puh! Nicht, dass ich Abstinenzlerin gewesen wäre, aber die lange Fahrt und vielleicht auch das eine oder andere Getränk hatten mich doch etwas müde gemacht. Aber das hielt mich nicht davon ab, der Einladung zum Frühstück um zehn Uhr bei Tamme zuzusagen, bevor es mit dem Kummertag losging. Ich sollte Brötchen mitbringen. Irgendwie schaffte ich es noch auf mein Zimmer. Und beim Einschlafen dachte ich noch, das gebe ein böses Erwachen. Aber natürlich habe ich es geschafft, wer aber wohl nicht damit gerechnet hatte, war Herr Hanken. Der machte nämlich ein recht verdutztes Gesicht, als ich am anderen Morgen pünktlich bei ihm schellte und die versprochenen Brötchen dabei hatte.

Am Hof warteten schon etliche Klienten mit ihren Pferden oder Hunden ungeduldig auf Tammes Erscheinen. In langen Reihen standen Pferdehänger vor dem Hof und auch ich machte mich auf, Grand Cru zu holen. Da ich keine Vorzugsbehandlung wollte, wartete ich geduldig, bis ich an der Reihe war und hatte so schon einmal eine erste Gelegenheit, Tamme bei der Arbeit zu beobachten. Zuerst unterhielt er sich mit dem Halter oder der Halterin des Tieres. Was hat es denn? Wie lange schon? Wann aufgefallen? Man kann sagen, er machte erst einmal eine Anamnese. Oftmals schien es aber auch so zu sein, dass die Probleme von den Pferdebesitzern gar nicht genau eingegrenzt werden konnten. Dann kamen Aussagen wie: „Ich habe so das Gefühl, als wenn …" oder „In letzter Zeit ist es nicht mehr so wie früher …". Da wusste ich schon, dass diese Halter nie gelernt hatten, richtig hinzuschauen, dass sie wenig Ahnung hatten von der Physiognomie oder von Bewegungsabläufen, aber der Meinung waren, sie würden alles richtig machen. Tamme ließ sie dann mit ihren Tieren die lange Gasse vor dem Hof hoch und runter laufen. Danach stand zumeist eine Diagnose schon fest. Er tastete das Tier ab, erklärte, was er nun tun würde, und legte Hand an. Je nach der

Art der festgestellten Erkrankung dauerte die Behandlung unterschiedlich lang und fiel unterschiedlich aus. Zumeist war es ein Einrenken, ein Strecken und Dehnen, ein Streichen und Drücken und Tasten. Oftmals gab Tamme aber auch Kommentare zu der Haltung des Tieres ab, zu der Beschaffenheit von Sattel und Zaumzeug oder dem Verhalten des Besitzers. In all den kommenden Jahren hörte mein Staunen nie auf, welch enormes Wissen dieser Mann über die Tiere hatte, über welche Gabe er verfügte und wie er diese einsetzte. Wenn auch mein Wissen um die Bewegungsabläufe und die Physiognomie immer mehr zunahm und ich natürlich dabei auch von Tammes Wissen profitierte, war und ist es für mich immer noch eine Art Wunder, wie er arbeitete und welche Erfolge er erzielte. Nun kam ich an die Reihe. Wir hatten uns natürlich schon länger über meinen Liebling unterhalten, sodass die eigentliche Anamnese wegfiel und Tamme mich direkt aufforderte, Grand Cru zu präsentieren. Ich lief mit ihm die Gasse auf und ab, mal im Schritt, mal im Trab und kam wieder vor Tamme zu Stehen. Er fühlte mit seinen großen Händen über den warmen Körper des Tieres und sagte dabei nicht mehr als „Jau, jau!" oder „Jau, das hab ich mir schon gedacht". Es machte ihm wohl eine kleine Freude, mich ein wenig zappeln zu lassen, und ich wollte den „Meister" natürlich nicht drängen, wobei meine Neugierde mich fast zur Verzweiflung trieb. „Tja, Schätzelein, also das mit dem Beckenschiefstand stimmt schon. Aber erst jetzt. Bevor dein Schatz behandelt wurde, hatte er nämlich gar keinen. Den hat er erst seit seiner Behandlung oder wie immer man das auch nennen mag." Mein erstauntes Gesicht muss wohl eine wahre Freude für Tamme gewesen sein. Er grinste nur vor sich hin und genoss noch ein wenig den Augenblick der Aufmerksamkeit, bevor er ganz jovial zu mir sagte:

„Mach dir mal keinen Kopp,
das kriegen wir schon hin."

Dann begann er, Grand Crus Hinterhand zu bewegen, in die eine Richtung, in die andere Richtung. Er taste ihn ab, legte seine Hände dort

Die Patienten warten geduldig auf Tamme

und da hin und mein Schatz ließ alles anstandslos über sich ergehen. „So, dann lauf jetzt mal mit ihm etwas auf und ab." Und das tat ich. Irgendwie fühlte es sich anderes an, besser, leichter. Ich war baff. „Wir müssen das aber weiter beobachten." Tamme wandte sich zu mir. „Durch die lange Zeit der Blockaden sind einige Partien in Mitleidenschaft gezogen worden. Also langsam aufbauen, nicht direkt wieder Gas geben. Dann sollte es eigentlich schon werden. Am besten wäre es, wenn ich mir am Montag noch mal anschauen könnte, wie er sich entwickelt hat." Was tut man nicht alles für sein geliebtes Pferd!

So blieb ich den Rest des Tages auf dem Hof und beobachtete Tamme bei seiner Arbeit. Gut, nicht nur, aber auch. Mir gefiel, was ich sah. Diese tiefe Liebe zu den Pferden, Hunden und den anderen Geschöpfen. Mir gefiel das platte Land mit seinen Menschen und, obwohl es mir noch nicht klar war, gefiel mir auch der Mann.

Ach nein, ich hatte keine Schmetterlinge im Bauch, noch nicht.

Aber da war etwas, das mir in meinem Inneren sagte, hier solltest du genauer hinschauen, das ist bestimmt nicht das letzte Mal, dass du hier bist. Aber wie gesagt, es war mehr eine unbestimmte Ahnung als grenzenlose Gewissheit. Erst einmal erfreute ich mich daran, dass es Grand Cru besser ging. Das war viel wert und allein deswegen hatte sich die Reise schon gelohnt. Der fehlende Schlaf des Vorabends war sowieso schon vergessen und so langsam musste ich auch an den Aufbruch denken. Aber erst langsam.

Der Tag verflog also mit neuen Eindrücken und ich fühlte mich wohl. So wohl, dass ich die Einladung des Knochenbrechers unmöglich ausschlagen konnte, doch noch etwas zu bleiben. Da war nur das Problem, dass ich das Zimmer nur eine Nacht gebucht hatte. Aber auch dafür hatte der Knochenbrecher eine Lösung. In seinem Haus, das er zu dieser Zeit in der Nähe des Hofes bewohnte, war schließlich genug Platz. Ich glaubte diesem Mann, dass dies kein billiger Versuch war, mich rumzukriegen und es bestimmt nicht das erste Mal sei, dass er einer Kundin einen solchen Vorschlag machte. So wie ich auch bei Pferden meiner Intuition vertraute, so war es auch bei diesem Mann. Den Abend und die Nacht verbrachten wir wieder mit langen intensiven Gesprächen über unser Lieblingsthema. Es gab so viel zu erzählen, so viel, was er wusste und was er von anderen erfahren wollte. Der Stoff hätte für Tausend und eine Nacht gereicht. Es wurden mehr Nächte, aber das konnte ich damals noch nicht wissen und hätte es auch nicht zu träumen gewagt. Nein, nicht ich, die ja nun auch schon einige Erfahrungen auf dem Buckel hatte, einige Jahre Leben.

Den Sonntag verbrachten wir mit einem Ausflug in die Umgebung und natürlich mit Pferden. Wie bei Seelenverwandten beherrschte dies unsere Zeit, unser Denken und Tun und ließ erst einmal wenig Platz für romantische Gefühle. Tamme war nun weiß Gott nicht das, was man sich unter einem Casanova vorstellt und nie hatte ich das Gefühl, er würde eine Grenze überschreiten, von der ich nicht wollte, dass sie überschritten wird. Ganz im Gegenteil:

Ich fühlte mich geborgen und diesem großen Menschen mit seiner Liebe zu den Tieren nahe.

Ich war neugierig und aufmerksam. Ich lebte diesen Tag und nicht das Morgen oder Übermorgen. Hier und jetzt und das war gut und stimmig. Ich hatte mit meiner Firma abklären können, dass ich erst am Dienstag wieder an meinem Schreibtisch sitzen würde, und so hatte ich auch kein schlechtes Gewissen. Ich konnte es genießen. Und das tat ich. Aber irgendwann war es dann doch Montagmorgen und der Abschied nahte. Tamme schaute sich Grand Cru noch einmal an und war zufrieden. Ich wurde also mit meinem Tier „entlassen" und das war völlig in Ordnung so. Ich hatte nicht das Gefühl, zur Seite geschoben zu werden. So wie es war, war es gut. Mir war zu diesem Zeitpunkt nicht klar, dass ich zurückkommen würde. Und Tamme war es sowieso nicht klar. Da hatten wir beide uns getäuscht.

Ich hatte Tamme einmal zu tief in die Augen geschaut. Also musste Grand Cru drei Wochen später noch einmal in den Anhänger und sich wegen „weiterhin auftretender Probleme" vom Knochenbrecher untersuchen lassen. Natürlich sah Tamme sofort, dass es meinem Schatz gut ging. „Die spinnt ein bisschen, die Rheinländerin", flüsterte er seinem Vater ins Ohr, „der Gaul hat doch gar nichts". Sein Vater schmunzelte nur und erwiderte „Du bist blind, Tamme. Es geht doch gar nicht ums Pferd, sondern um dich!" Grand Cru wurde also volle Gesundheit bescheinigt, aber mir raunte Tamme am Ende seines Check-ups zu: „Nächste Woche kommst du wieder, aber dann ohne Pferd". Also blieb ich, Tamme und ich quatschten wieder die ganze Nacht – und am anderen Morgen war klar: Wir gehören zusammen.
Aber ich greife zu weit vor. Vielleicht sollte ich zunächst dort anfangen, wo meine Liebe zu Pferden begann.

Kapitel 2

Meine Welt auf dem Rücken der Pferde

Das war also der Spaziergang, der mein Leben verändern sollte. Von unserem kleinen Einfamilienhaus in Moers-Meerbeck marschierten wir los: Ich an der Hand meiner Mutter, die Straße hinunter aus unserer Siedlung, den langen Weg entlang, der von den frühlingshaften Feldern der Bauern umsäumt war. Ich liebte diese Wege. Nichts schien mir mit meinen sechs Jahren mehr Freude zu bereiten, als draußen in der Natur zu sein. Nicht nur, dass ich mich mit meinen Freunden in jeder freien Minute im nahegelegenen Wäldchen und den angrenzenden Lichtungen amüsierte, nein auch die Arbeit im zugebenermaßen großen Familiengarten hinterm Haus bereitete mir eine große Freude. Ich war eindeutig nicht dafür bestimmt, mich wie ein typisches kleines Mädchen zu verhalten. Lieber Buden bauen als Puppenhäuser schmücken, lieber Verstecken im Wald spielen, als Verkleiden mit den Freundinnen. Vielleicht erfüllte ich so den unausgesprochenen Wunsch meines Vaters nach dem Sohn, den er viel zu früh verloren hatte.

Erst einmal war ich glücklich auf diesem Spaziergang, erfreute mich daran, mit meiner Mutter bekannte Wege zu gehen, als die Große sozusagen. Der Raps stand schon etwas hoch, man konnte erahnen, was aus ihm später einmal werden sollte. Die zurückgekehrten Vögel bauten eifrig Nester und flogen in einem wilden Durcheinander auf der Suche

Carmen mit
7 ½ Monaten

nach Baumaterial und Futter um uns herum. Artig wurden die wenigen Menschen auf dem Weg gegrüßt, ganz wie es unsere Eltern mir beigebracht hatten. Lange hielt es mich nicht an der Hand meiner Mutter, links und rechts gab es zu viel zu entdecken. So streunte ich immer wieder abseits des Weges, entdeckte einen geheimnisvollen Ast, saß da nicht ein unbekanntes Tier im Gras und warum gab es da diese vielen kleinen Hügel auf dem Feld?

Aufgefallen waren mir die Stallungen schon immer bei unseren Spaziergängen. Die hölzernen Verschläge auf den grünen Weiden, auf welchen diese großen braunen, schwarzen, weißen oder bunt gescheckten Tiere, von denen ich schon früh gelernt hatte, dass es Pferde seien, fraßen, sich räkelten oder im wilden Galopp entlang stoben. Fasziniert blieb ich auch diesmal stehen und beobachtete diese Kraftpakete, die mir trotz ihrer Größe keine Angst machten.

„Na, mögt ihr Pferde? Willst du mal auf einem sitzen?" Erschrocken schaute ich auf. Ich hatte dem Mann, der sich uns genähert hatte, keine Beachtung geschenkt. Zu sehr war ich in meinen Beobachtungen verhangen. Da stand nun, mit schwarzen Stiefeln, enger Reithose und grobem Hemd dieser Mann vor mir, lächelte mich an und blickte erwartungsvoll auf mich herab. Ich schaute mit einem fragenden und skeptischen Blick zu meiner Mutter auf. Sie lächelte mir zu. „Ja, sicher!", erwiderte ich. Der Mann streckte mir seine Hand entgegen und führte uns zu einem Ständer. Damals standen vor allem Schulpferde noch in Ständern im nahen Stall. Dort stand mit einem Halfter an einem Balken angebunden eines dieser riesigen braunen Geschöpfe, eine Stute, Natascha.

Es roch nach Mist, nach Schweiß, Heu und Pferd. Ich sog diese Düfte ein. Die Braune scharrte mit den Hufen und schien wie zur Begrüßung ihre Nüstern zu blähen. Sie wieherte leise. Ich musste mächtig zu ihr aufschauen und fragte mich insgeheim, wie ich es denn auf den Rücken schaffen sollte, da ich mit meiner Körpergröße dem Pferd doch nur bis zum Bauch reichte. Da griffen mich kräftige Hände unter den Armen und hievten mich mit einem Schwung in luftige Höhen direkt auf den Rücken des Tieres.

Eine kesse 5-Jährige

Ich war als
Kind unglaublich
schüchtern

Carmen übt fleißig
erste Etüden

Carmen und Mutti

Es war eine andere Welt! Nichts sah von hier oben so aus, wie unten auf dem Boden. Nichts fühlte sich so an, wie hier oben. Durch sein Ein- und Ausatmen spürte ich den Körper unter mir, die leichten Schwingungen, wenn sich die Stute bewegte und fühlte das Fell durch meine Hosen.

Ich war mir sicher, dort zu sein, wo ich hingehörte.

Es kam mir wie eine Ewigkeit vor, dort oben auf meinem Thron, in meiner neuen Welt. Doch rascher als mir lieb war, streckte der Mann mir seine Arme entgegen und ich glitt in diesen vom Pferd. „Na, wie war das, mein Schatz?" Ich sah meine Mutter sprachlos an. „Darf ich morgen wiederkommen?" Das Lachen des Mannes und meiner Mutter verstand ich zwar nicht, aber das war mir egal. Hauptsache, sie würden ja sagen. Das taten sie. So wurde ich also Pferdemädchen auf dem Hof Höner.

Es hatte sich wieder bewahrheitet, meine Mutter sorgte für uns. Meine Eltern hatten sich, wie es damals üblich war, in jungen Jahren kennengelernt, sind einige Jahre „miteinander gegangen" und haben dann schließlich geheiratet. Mein Vater hatte sich nach seiner Ausbildung zum Maler, einigen Gesellenjahren und seinem Meister relativ schnell selbstständig gemacht und betrieb in Moers einen kleinen Betrieb, der aus ihm und einem Gesellen bestand. Meine Mutter hatte Einzelhandelskauffrau gelernt, gab den Beruf nach der Heirat aber auf und unterstützte meinen Vater in dessen Selbstständigkeit, natürlich neben Haushalt und Kindern. So lernte ich früh, dass das Leben aus harter Arbeit bestand. Meine Eltern standen um vier oder fünf Uhr morgens auf und wenn Papa abends nach Hause kam, wollte er nur noch seine Ruhe haben. Als eine der wenigen gemeinsamen Familienaktivitäten sind mir die sonntäglichen Frühstücke in dem Wintergarten unseres Hauses in Erinnerung geblieben. Gemeinsame Urlaube gab es in all den Jahren nur wenige.

Die Urlaube, die ich während meiner Kindheit verbrachte, waren Gruppenfahrten, die von der Kirche organisiert und durchgeführt wurden. Oftmals ging es nach Achslach am Feldberg im Schwarzwald. Dort waren wir in einer Jugendherberge mit einem kleinen Hexenhäuschen im Garten untergebracht. Ich liebte diese Fahrten in die Natur, die so ganz anders war als am Niederrhein. Dort gab es Hügel, ja sogar riesige Berge – so kam es mir auf alle Fälle vor. Die Wälder bestanden nicht aus Laubbäumen, sondern aus Tannen, Fichten und anderen Nadelhölzern. Aber auch in diesen konnte man wunderbar umherstreifen, in den Bächen Findlinge suchen und mit ihnen wunderbare Baustellen errichten, Schnitzeljagden veranstalten und Blaubeeren sammeln. Die Liebe zu Blaubeeren ist geblieben. Die Zuneigung zu kaltem Hagebuttentee als Getränk ebenso. Manche Abenteuer galt es zu bestehen. Aber als ich mir einmal einen Nagel in mein Bein gerammt habe, wurde es auch mir zu abenteuerlich. Zum Glück ist damals nichts passiert. Ich fühlte mich wohl in der Gesellschaft anderer Kinder und überwand dort auch kurzfristig meine große Schüchternheit.

Die Familie meines Vaters empfand ich stets als kalt und abweisend. Bei Oma und Opa war kein Spielzeug vorhanden für uns Kleinen und so wurden die Besuche dort eher zu einer Zwangsveranstaltung, als dass ich Freude daran empfunden hätte. Mein Vater hatte etwas von dieser Kälte geerbt, er war mir unnahbar, er war mir in vielem fremd. Die Familie meiner Mutter war anders. Dort wurde gelacht, dort wurde gespielt und sich um meine Schwester und mich gekümmert. Zu meiner Großmutter hatte ich immer ein gutes Verhältnis, die Rolle der Großmutter bringt es wohl mit sich, von den Enkeln gemocht zu werden. Bei ihr gefiel es mir so gut, dass ich mit acht Jahren sogar einmal von zuhause ausgebüxt bin, weil mir alles irgendwie zu viel erschien. Ich stieg auf mein Fahrrad und radelte zur Oma, zu meiner Rettung. Meine Eltern waren natürlich in heller Aufregung, da ich verschwunden war, aber ein Anruf meiner Großmutter klärte die Situation schnell auf.

Carmen 1973
mit einem Pferd aus dem
ehemaligen Stall Kun

Meine Mutter gestand mir viel später, dass der Tod meiner Großmutter für sie eine Befreiung gewesen sei, da sie ihr nie etwas hatte recht machen können und sie meine Mutter ihr Leben lang spüren ließ, wie unzufrieden sie mit ihr war. Aber meine Mutter fühlte sich ihr Leben lang für Oma verantwortlich. Werte wie Verantwortung und Pflichterfüllung wurden in unserer Familie gelebt bzw. von Generation zu Generation weitergegeben und haben auch mich sehr geprägt. Nachdem mein Vater meine Mutter 1981 verlassen hatte und mit der zehn Jahre älteren Nachbarin davongegangen war, fand sie zum Glück einen neuen, liebenswerten Partner, mit dem zusammen sie aufleben, die Fesseln der Kälte abstreifen und etwas vom Leben genießen konnte. Dennoch war ihr Verantwortungsbewusstsein stark ausgeprägt. Als nämlich ihr Partner, als gebürtiger Siegerländer, nach Beendigung seines aktiven Arbeitslebens wieder in diese Region zurückkehren wollte, entscheid sie sich dagegen. „Ich kann nicht, Mutti lebt noch, ich habe mich um sie zu kümmern." Das war für sie eine ganz klare Entscheidung und zeugt von den Werten, die sie lebte. Genauso wie es für uns selbstverständlich war, immer hilfsbereit zu sein. Zu tun, ohne zu fragen, was wir dafür bekommen sollten, sondern einfach aus einem Bedürfnis heraus, andere Menschen zu unterstützen. Diese Haltung brachte mich oft an meine Grenzen und manchmal auch darüber hinaus und ich musste schmerzliche Erfahrungen machen, dass es nicht nur Menschen gab, die es gut mit einem meinten, sondern auch solche, die meine Hilfsbereitschaft ausnutzten.

In diesem Klima aus Arbeit, Pflichterfüllung und niederrheinischer Kleinstadt wuchs ich gemeinsam mit meiner Schwester auf.

Und mit einem schweren Erbe. Meine Mutter hatte nach meiner Geburt einen Stammhalter geboren. Ich war damals knapp ein Jahr alt. Ich habe viel mit dem Kleinen gespielt, ihn verwöhnt und mich mit ihm wohlgefühlt. Der Junge starb jedoch mit neun Monaten an einem Darmverschluss. Meine Eltern sind nie ganz über den Verlust hinweggekommen und ich glaube, besonders meine Mutter litt sehr darunter. Auch ich. Ich wurde krank. Unspezifisch, aber richtig krank. Die Ärzte konnten keine Ursache für meine Erkrankung finden. Bis ein Menschenkenner von Arzt meine Erkrankung mit dem Verlust des Bruders in Verbindung brachte und dies als meine Form der Trauer diagnostizierte.

Noch heute berühren mich die Schicksale von Kindern besonders und ich fühle mich ihnen sehr nahe und bin immer bemüht, ein Lachen zurückzubringen.

Aber zurück zu diesem bedeutungsvollen Spaziergang. Ich war infiziert mit dem Pferdevirus. Meine Freizeit verbrachte ich an der Stallanlage. Ich durfte zuerst zuschauen, durfte leichte Arbeiten verrichten, wie Fegen und Putzen und hatte auch zu reiten begonnen. Nein, natürlich nicht täglich. Die Zeit meiner Mutter reichte selbstverständlich nicht, um mich ständig zur Anlage zu kutschieren. Und schließlich gab es ja auch noch die Schule und andere Aufgaben, die auf mich warteten. Wie z.B. das tägliche Klavierüben. Eine kleine Dame sollte auch Klavierspielen können, wurde einmal festgelegt. Und so übte ich also fleißig kleinere Stücke, Etüden, Sonette und ähnliches. Dabei zeigte ich, was auch mich erstaunen ließ, tatsächlich ein gewisses Talent. Dies wurde mir auch von profunder Stelle aus beglaubigt. Immerhin reichte es aus, um meine damalige Lehrerin, die die ortsansässige Kirchenorgel spielte, auf eine Reise nach Amsterdam zu begleiten, wo ich ihr bei ihrem Auftritt assistieren und die Noten umblättern durfte. Ich war stolz wie Bolle. Zudem war ich wohl auch so gut, dass ich im Alter von acht Jahren auf der Kirchenorgel der St.-Barbara-Kirche in Meerbeck spielen durfte. Aber es kam der Tag, an dem ich an meine Grenzen stieß. Ein Stück mit einem schwierigen Akkord brach mir zwar nicht die Finger, zeigte mir aber meine Grenzen auf, die ich auch akzeptierte. Ich hörte mit dem Musizieren auf. Ein leichtes Bedauern schwingt heute noch mit. Aber ich hatte ja schließlich auch meinen „Lebensinhalt" gefunden und der lag eindeutig nicht auf einem Klavierschemel, sondern auf dem Rücken eines Pferdes. Meine Eltern waren mit dieser Entscheidung nicht einverstanden

Carmen als Teenager 1975

und stellten mich vor die Wahl: Klavierspielen und Pferde oder nichts von beiden. Ich entschied mich gegen das Klavierspielen und musste so auch auf die Pferde verzichten. Aber nur für eine geringe Zeit, man sah ein, dass man Carmen nicht auf Dauer von Pferden trennen konnte.

So brachte ich erst einmal die Grundschule hinter mich und dort zeigte sich eine Besonderheit, die mich einen langen Teil meines Lebens begleiten sollte und die heute vielleicht nicht nachvollziehbar ist. Ich war nämlich extrem schüchtern. Und damit meine ich nicht, dass ich keine extrovertierte Person war, der Mittelpunkt jeder Feier, jemand, der nur einen Raum betreten musste, um sofort die Aufmerksamkeit aller Personen auf sich zu lenken, sondern so schüchtern, dass ich zumeist allein in einer Ecke stand, abseits von der spielenden Horde meiner Mitschülerinnen und Mitschüler. So schüchtern, dass die Lehrer meinen Eltern sagten, Carmen könne viel bessere Noten haben, wenn sie denn sprechen würde. Eigentlich war ich das ganz normale Mädchen von nebenan. Nicht zu groß, nicht zu klein, nicht zu dick, nicht zu dünn, keine auffällige Familie, keine auffälligen Auffälligkeiten, aber irgendetwas verschlug mir die Sprache, raubte mir Worte und mein Selbstbewusstsein. Ich konnte es doch. Ich war am Stall doch anders. Was stimmte nicht? Etwas, was ich noch heute nicht erklären kann, etwas, was heute für Außenstehende, die mich das erste oder zweite Mal erleben, schwer nachzuvollziehen ist. Ich habe mir meine Souveränität erarbeiten müssen. In den langen Jahren meiner Berufstätigkeit, meines Umgangs mit vielen anderen Menschen. Aber das kam später. Erst einmal stand das kleine Mädchen schüchtern auf dem Pausenhof der Grundschule und später der Realschule und Berufsfachschule. Und ich kam ja auch gut durch, nur mündlich eben nicht. Nein, ich war nie die Überfliegerin, hatte aber in einigen Fächern meine Stärken, wie z. B. in Deutsch oder Biologie. Schule war einfach etwas, das gemacht werden musste. Was aber durch großen Fleiß auch mit guten Abschlüssen geschafft wurde.

Wesentlich spannender verlief natürlich mein Leben auf dem Pferdehof. Man schenkte mir mit der Zeit immer mehr Vertrauen, wohl auch, weil es sich schnell herausstellte, dass ich eine besondere Begabung hatte, mit den Tieren umzugehen. Ich übersprang aber das allseits beliebte Ponyreiten und beschäftigte mich direkt mit den großen Pferden. Nein, es war kein Auf-dem-Rücken-der-Pferde-geboren-Sein, es war eher ein Zusammenwachsen mit den Tieren. Ich war noch relativ klein mit meinen sechs Jahren und wenn ich auch die nächsten Jahre bzw. mein weiteres Leben mit Pferden verbrachte, so gab es natürlich auch noch ein Leben neben den Pferden. Nun bin ich ja in einer Zeit aufgewachsen, in welcher weder Computer noch Handys die Kindheit bestimmten, auch mit Fernsehen sah es recht mau aus – für die jüngeren Leser: Es gab drei Programme in schwarz-weiß und zum Umschalten musste man aufstehen – umso mehr waren Aktivitäten in der Natur mit Freunden angezeigt. Gerade im ländlichen Bereich gab es nicht viele andere Möglichkeiten, um sich zu amüsieren. Da gab es für die Jungs die

Fußballvereine oder andere bevorzugte Sportarten, und vielleicht noch Jugendheime der Kirchen oder Schützenvereine oder die freiwillige Feuerwehr, aber im Großen und Ganzen waren wir in unseren Möglichkeiten eingeschränkt, wenn wir es auch nicht als Einschränkung empfanden. Wenn ich mir heute in meiner Arbeit mit Kindern deren Möglichkeiten anschaue und wie manche Eltern zu Chauffeuren ihrer Kinder werden, so kann ich nicht wirklich sagen, wer nun die besseren Möglichkeiten hatte oder hat. Ich meine das gar nicht urteilend, jede Zeit hat ihren Raum, ihre Ausprägung und ihre Werte. Ich möchte einfach erklären, was mich geformt und zu dem Menschen gemacht hat, der ich heute bin.

Reiten war und ist auch heute noch ein klassischer Mädchensport, obwohl es ja äußerst viele erfolgreiche Dressur- und Springreiter gibt – von Jockeys und Trabern einmal ganz abgesehen. Aber in den Reitanlagen findet man immer mehr Mädchen als Jungen. Warum dies so ist, dafür habe ich keine plausible Erklärung. Vielleicht hängt es noch mit Geschlechterrollen, mit Vorurteilen oder gesellschaftlichen Ausprägungen zusammen. Andere kennen vielleicht bessere und schlüssigere Erklärungen, als ich dazu abgeben kann.

Ich jedenfalls wuchs immer mehr an meinen Aufgaben auf dem Reiterhof, mir wurde immer mehr Verantwortung übertragen, ich sammelte Erfahrung und wurde stetig besser. Erstaunlicherweise zog es mich von Anfang an zu den „schwierigen" Pferden hin. Zu Pferden, die andere für sperrig oder schwer zu reiten erklärten; solche, die einen ausgeprägten Charakter hatten, nicht diese, die man sofort knuddeln wollte und bei denen alle „Ach, wie süß!" ausriefen. Es ist für mich schwierig zu erklären und vielleicht gibt es auch keine befriedigende Erklärung dafür. Natürlich ist jedes Tier besonders und als Halter oder Besitzer hat man selbstverständlich seinen eigenen, seinen sehr subjektiven Blick auf sein Tier, aber so unterschiedlich die Charaktere bei Menschen sind, so unterschiedlich sind sie auch bei Pferden, und mir lagen nun einmal die etwas anderen Charaktere. Ich wollte sie nie beherrschen oder ihnen etwas aufzwingen, nie ging es mir darum, meinen Willen zu bekommen,

Erste sportliche Erfolge mit 15

sondern darum, eine Basis mit dem Pferd zu erarbeiten, auf der man freundschaftlich, als Kamerad, als vertrauenswürdiger Freund miteinander arbeiten und Spaß haben konnte.

Spaß war und ist auch immer noch ein wichtiger Teil meiner Arbeit mit Pferden.

Erst im freiwilligen Tun, erst mit der Freude an Bewegungen, an besonderen Ausführungen wird die Zusammenarbeit mit dem Pferd zu einem befriedigenden Erlebnis, erst dann wird auch das Pferd bereit sein, vieles zu leisten, was auf den ersten Blick verborgen ist und für das ungeübte Auge als unnatürlich empfunden wird.

Die Jahre meiner Kindheit und Jugend waren also durch Spaß und Arbeit mit den edlen Geschöpfen geprägt. Ich absolvierte das Deutsche Jugend-Reiter-Abzeichen, machte verschiedene andere Reitabzeichen und erwarb schließlich nationale und internationale Trainerlizenzen. Zu meiner Weiterentwicklung im Pferdesport gehörte auch früh die Teilnahme an Turnieren. Anfänglich waren es kleinere, altersgemäße Veranstaltungen, bei denen die grundsätzlichen Fertigkeiten abgefragt und zur Schau gestellt wurden. Es folgte die Aufnahme in die Jugendförderung des Reitervereins und die Teilnahme an Kreismeisterschaften und anderen überregionalen Veranstaltungen. Natürlich wollte ich, wenn ich an Turnieren teilnahm, auch gewinnen. Aber nicht um jeden Preis. Und keinesfalls auf Kosten der Tiere! Mir war bewusst, dass es bei einem Misserfolg hauptsächlich an mir lag, nicht an dem Tier. Ich hatte etwas falsch verstanden, ich hatte dem Kamerad nicht das angeboten, was er brauchte, um meine Wünsche zu verstehen und richtig umzusetzen; hatte nicht auf Signale gehört, hatte die Spannung und Körperhaltung nicht richtig interpretiert. Dies bedeutete also, dass ich noch viel zu lernen hatte. Aber ich schaffte die gemeinsame Arbeit und das Miteinander mit den Pferden und konnte so viele Erfolge verbuchen.

Natürlich war und ist der Reitsport kein ganz so günstiges Hobby. Besonders, wenn man ein eigenes Pferd besitzt. Die Anschaffung des Tieres, die Unterbringung und Verpflegung, die Tierarztkosten, die Ausgaben für Reitkleidung, die Anschaffung eines Pferdeanhängers, um an Turnieren teilnehmen zu können, und, und, und. So weigerten sich meine Eltern auch, mir ein eigenes Pferd zu kaufen. Zwar fing ich schon sehr früh an, Geld zu verdienen, aber für ein eigenes Pferd reichte es halt nicht. In den Sommerferien besserte ich mein Taschengeld damit auf, dass ich meinem Vater beim Streichen der Heizkörper in verschiedenen Schulen half. Auf der einen Seite war ich froh, mal etwas Zeit mit meinem Vater zusammen verbringen zu können, auf der anderen Seite merkte ich aber auch, dass der Kontakt doch immer irgendwie steif, distanziert blieb. Zumal er auch nicht besonders begeistert reagierte, dass ich meinen kleinen Kassettenrekorder dabei hatte und ständig mein damaliges Lieblingslied „The Six Teens" von Sweet spielte. Da muss ich etwa 14 Jahre alt gewesen sein.

Ein Jahr zuvor hatten meine Eltern mir die Mitgliedschaft im Homberger Reitverein geschenkt und ich arbeitete nun auf einer etwas anderen Anlage in Duisburg-Homberg. Aber dort lebte ich mich schnell ein, zumal auch viele Freundinnen und Freunde dort ihrem Hobby frönten. Wir waren dann schnell so etwas wie eine eingeschworene Pferdeclique. Natürlich bestimmten nicht nur die Tiere unser Leben. Wir waren schließlich auch Teenager, die die Welt entdecken und Erfahrungen machen wollten. Wir waren keine Revoluzzer, uns waren die Gemeinschaft und das Miteinander wichtig und so gestalteten wir auch unsere Freizeit neben den Stallaufenthalten. Wie es sich gehörte, habe ich eine Tanzschule besucht und meine Kurse absolviert. Mit Abschlussball und allem, was dazu gehört. Es gab die Besuche auf verschiedenen Dorf- und Stadtteilfesten, die Schützenfeste mit Kirmes, die Veranstaltungen der freiwilligen Feuerwehr und der diversen Reitsportvereine. Ich erinnere mich, wie Rainer Fischer – den wir immer Lallemann nannten – zu Silvester mit einer Flasche Champagner auftauchte. Champagner? Davon hatten wir alle natürlich schon gehört, aber wer hatte ihn schon mal getrunken – keiner. Wir wussten, dass es bei den Reichen und Schönen gang und gäbe war, Schampus zu schlürfen und wie teuer und außergewöhnlich dieses Getränk war. Lallemann war stolz wie Oskar, uns mit diesem Getränk versorgen zu können. Und umso bitterer war seine Enttäuschung, als wir das Getränk nicht gerade ausspukten, es uns aber gar nicht schmeckte, weil es viel, viel zu sauer war. Zu der Clique gehörten damals auch Frank und Brigitte Petzold. Sie war zu dieser Zeit meine beste Freundin und er ein netter Kerl. Und es ist eine dieser Geschichten, dass es funktionieren kann, den Menschen fürs Leben relativ früh kennenzulernen und bei ihm zu bleiben. Die beiden haben nämlich später geheiratet und sind heute noch immer ein glückliches Paar. Wenn wir einmal bei den leider viel zu seltenen Gelegenheiten zusammensitzen, erinnern wir uns gerne, schwelgen ein wenig in Erinnerungen und ich freue mich, diesen Teil meiner Vergangenheit noch zu haben.

Mit Sechszehn veränderte sich dann einiges in meinem Leben. 1976 stand der Schulabschluss der Berufsfachschule bevor und damit auch

Carmen 1976
als „Model"

die Entscheidung, wie es weitergehen sollte. Ich hatte den Abschluss mit Qualifikation gemacht und hätte aufs Gymnasium gehen können, um Abitur zu machen.

Natürlich wollte ich nur Reitlehrerin werden.
Etwas anderes kam für mich nicht in Frage.
Dachte ich.

Auf unserer Reitanlage in Homberg gab es natürlich jede Menge Erwachsene, die dort ihren Sport ausübten, die Reitlehrer, die Mitglieder des Vereins und einfach die Menschen, die sich dort gerne aufhielten. Der Vater einer meiner Mitreiterinnen, ein Mann, dem ich vertraute, war Inhaber einer Spedition. Eines Tages nahm er mich zur Seite und sprach mit mir: „Carmen, ich weiß, dein größter Wunsch ist es, Reitlehrerin zu

Jede freie Minute
hoch zu Pferd

Carmen oder doch
Lady Diana?

Schön rausgeputzt,
1980

werden. Das kann ich verstehen und du hast auch ein außergewöhn-
liches Talent. Aber du bist doch noch so jung und wer weiß, wie es im
Leben weitergeht. Mach doch erst einmal eine ordentliche Ausbildung
und dann kannst du immer noch weiterschauen. Bei uns in der Spedition haben wir noch eine Lehrstelle offen und ich kann dich da gut
unterbringen." Ich ließ es mir durch den Kopf gehen und natürlich waren
meine Eltern voller Zuversicht, dass das Kind „etwas Ordentliches"
lernen könnte. Mein Zögern dauerte nicht lange. Ich war kein Sturkopf,
kein jugendlicher Rebell, war eher pragmatisch und realistisch veran-
lagt. Die Spedition Rinnen hatte also eine neue Auszubildende Speditionskauffrau. Dass ich mich schnell eingewöhnte, wäre eine verzerrte Erinnerung. Ich wurde in ein von Männern dominiertes Geschäft geworfen
und hatte mich dort zu behaupten. Und das mit meiner Schüchternheit,
die noch immer stark ausgeprägt war. Aber ich biss mich durch, ich
lernte, meine Frau zu stehen. Schließlich hatte ich mir vorgenommen,
alles zu schaffen, was ich wollte. Durch das Lehrgeld wurden meine fi-
nanziellen Möglichkeiten besser. Ich wohnte noch bei meinen Eltern und

Carmen und Mutti auf dem Weg in die Berge

hatte ja noch kein Auto oder andere große Unkosten. Wie immer, wenn ich etwas Geld in die Hand bekam, floss es sofort wieder in Fort- und Weiterbildungen, in Kurse, Lehrgänge und Turniere. Ich war jetzt dem Dressursport sehr zugetan und wollte lernen, lernen, lernen. Immer neue Trainerscheine wurden absolviert, sobald es mein Alter zuließ.

Und ich lernte meinen ersten Freund kennen. Auf dem täglichen Weg zur Berufsfachschule war er mir aufgefallen. Oder besser, ich ihm. Er lenkte nämlich den Bus, der mich dort hinbrachte. Jürgen sah gut aus in seiner Busuniform. Er lächelte mich immer süß an, machte schon mal die eine oder andere flapsige Bemerkung und dann eines Tages, als der Bus relativ leer war und ich vor ihm stand, um meinen Fahrausweis vorzuzeigen, fragte er mich doch tatsächlich, ob wir mal zusammen ausgehen könnten. Irgendwie war ich überrumpelt, aber auch neugierig und interessiert. Mich störte es nicht, dass er älter war als ich und – wie

1981 mit Freund Udo

Carmen mit Hofhund
Tapsi in Moers

Carmen 1987 mit
Andalusier-Hengst

Ein Traum wird wahr —
Kinsey, das erste eigene Pferd

ich im Laufe unsere Gespräche bei diversen Treffen erfuhr – sogar 13 Jahre älter. Es hat ein wenig gedauert, bis es richtig gefunkt hat, aber dann waren wir doch dreieinhalb Jahre ein Paar.

Ich bewohnte damals schon meine erste eigene Wohnung in Duisburg-Homberg: zwei Zimmer, Küche, Bad. Mit achtzehn mein eigenes kleines Reich. Und wie es sich für die Tochter eines Malermeisters gehörte, hatte ich die Wohnung vollständig selbst renoviert. Mein Vater half nicht. Vielleicht, weil er zu viel zu tun hatte, vielleicht weil er der Meinung war, wenn ich schon alleine leben wollte, sollte ich auch alles alleine machen, vielleicht aber auch, weil er sich damals schon weit entfernt hatte – oder nie richtig da war. Ich erinnere mich nicht mehr. Und heute scheint es auch nicht wichtig zu sein. Es hat mich bestärkt, auf meine eigenen Fähigkeiten zu vertrauen, meinen eigenen Weg zu gehen und mir meine Unabhängigkeit zu erkämpfen und auf mich alleine zu bauen. Damals war ich enttäuscht, heute kann ich dem etwas Positives abgewinnen.

Die Arbeit bei Rinnen war hart. Im Speditionsgeschäft geht vieles nur unter ziemlichem Zeitdruck, vieles ist nicht zu planen und muss ganz schnell improvisiert werden. Und es herrscht ein zuweilen rauer Ton. Die Fahrer sind „ganze Kerle", zumindest meinen sie das und so ein junges Küken, dem kann man ja mal den einen oder anderen Spruch geben, das gehört dazu. „Die wird schon so machen, wie wir wollen."

Da hatten die Jungs sich aber getäuscht.

Ich lernte schnell. Ich beobachtete, hielt erst einmal den Mund, schaute mir an, wie alles funktionierte und merkte, dass die Jungs ganz lammfromm wurden, wenn sie ein wenig Gegenwind bekamen. Die Arbeit mit Zahlen, Formularen und Tabellen fiel mir leicht und man war mit meiner Arbeit so zufrieden, dass man mich nach meiner Ausbildung übernahm und ich noch fünf Jahre bei Rinnen mit ihren grünen Lastern tätig war.

Carmen steht ihre
Frau im Büro

Carmen und Kinsey, 1988

Immer modisch, mal kurze
Frausen, mal lange Locken

In dieser Zeit hatte ich mich von Jürgen getrennt; wie es passieren kann, die Lebenswege gehen auseinander, man entwickelt andere Interessen oder hat andere Lebensentwürfe.

Der Reitsport bestimmte weiterhin mein Leben außerhalb der Spedition, da war es nicht weiter verwunderlich, dass ich meinen nächsten Freund in dieser Umgebung kennenlernte. Obwohl Udo eigentlich nichts mit dem Reiten zu tun hatte. Er war sozusagen zufällig von Jörg aus dem Reitverein zu einer Karnevalsveranstaltung in der Reitanlage eingeladen worden. Da stand er dann vor mir und es hat gefunkt. Ja, auch wenn es kitschig klingen mag, es war die Liebe auf den ersten Blick! Von Udo habe ich viel gelernt. Nein, nicht in Bezug auf den Reitsport – wie erwähnt hatte er damit wenig zu tun. Vielmehr über Doppelvergaser, Einspritzdüsen, Scheibenbremsen und Überrollbügel, übers Schweißen und Lackieren, Spachteln und über Reifendruck. Udo liebte Autospeedway, seine Leidenschaft galt Autos und dem Rennsport. Um ihn zu sehen, musste ich also zu seiner Werkstatt, in der er nach seinem Job als Schweißer jede freie Minute an seinem Fiat bastelte. Den Geruch von Benzin, verbranntem Gummi und Bratwürsten habe ich heute noch in der Nase. Das war eine schöne Zeit. Mit Udo und Freunden aus der Spedition lernte ich auch von der Welt ein wenig mehr kennen. Wir verbrachten einen gemeinsamen Urlaub auf den Malediven, wo wir in kleinen Hütten lebten und schnorchelnd die Meereswelt entdeckten. Ich war fasziniert von der Andersartigkeit dieser wunderbaren Welt. Dort wurde der Grundstein für mein Interesse an fremden Orten und Kulturen gelegt, die ich leider viel zu wenig befriedigen kann. Ich hätte Tamme gern viel öfter auf seinen Reisen begleitet, aber jemand musste sich schließlich um den Hankenhof kümmern und dafür sorgen, dass dort alles läuft, dass alle versorgt sind und keiner zu kurz kommt. Tamme konnte sich immer darauf verlassen, dass ich ihm zuhause den Rücken freihalte, ich bereue es auch nicht und ich möchte auch nirgendwo anders leben als dort. Aber ich freue mich auch über jede Möglichkeit, von anderen Kulturen, anderen Menschen zu lernen und meinen Horizont zu erweitern. Dies machten Udo und ich auch im darauffolgenden Jahr, in dem wir unseren Urlaub

Carmen mit
Antoons Stute

auf Sri Lanka verbrachten und uns auch dort schnorchelnd diese seltsam farbenfrohe und mystische Unterwasserwelt anschauten.

Ich hatte in der Zwischenzeit meine Arbeitsstelle gewechselt und leitete seit 1985 die Filiale einer Autovermietung. Ich kam Udo also beruflich etwas näher, aber es reichte nicht aus und nach sechseinhalb Jahren trennten wir uns. Das Jahr 1987 brachte aber noch weitere Veränderungen in meinem Leben. Man bot mir einen Job in der Marketingabteilung der Diebels-Brauerei in Issum an, den ich auch sofort annahm. Aus dieser Beschäftigung wurden 17 Jahre, die mich viel gelehrt und mit vielen interessanten Menschen zusammengeführt haben. Ich arbeitete zunächst im Gastro-Marketing, später dann im Handels-Marketing und war für verschiedenste Kampagnen mitverantwortlich.

Immerhin arbeitete ich inzwischen ja seit etlichen Jahren in Vollzeit und verdiente gutes Geld. Wenn es nicht in Fort- und Weiterbildungen floss oder auch in das ganz normale Leben, legte ich immer etwas zur Seite, um mir einen Traum zu erfüllen. 1988 war es dann soweit: Ich konnte mir mein eigenes Pferd leisten! Ich war ja viel mit Pferdeleuten in Kontakt, hatte also viele Ansprechpartner und konnte mich in Ruhe umsehen, welches Tier denn am besten zu mir passen würde. Die Wahl fiel schließlich auf einen Trakehner-Wallach-Jährling, den ich Kinsey nannte. Ein wunderschönes Tier, mit dem ich viel Freude und Erfolg im Dressursport hatte. Ich war sofort verliebt in ihn, als ich ihn auf dem Gestüt sah. Wie bei Menschen braucht man manchmal nicht viel mehr außer dem Gefühl, dass es passt.

Und noch etwas Neues brachte diese Zeit: Die Besitzerin des Trakehner-Gestüts, auf welchem ich Kinsey erworben hatte, lud zu ihrem Geburtstag ein und ich müsse auf alle Fälle erscheinen, wurde mir angetragen. Als höflicher Mensch, der ich nun einmal bin, war es für mich selbstverständlich, hinzugehen und ich hatte die Menschen dort auch wirklich lieb, man hätte mich also nicht dorthin „zwingen" müssen. Dort lief mir Antoon über den Weg. Wir kollidierten quasi. Antoon war auch Trakehner-Züchter und lebte in den Niederlanden. Und ach ja, ich mochte ihn sofort. Und er mich scheinbar auch. Natürlich hatten wir genügend Gesprächsstoff:

Pferde, Pferde, Pferde.

Es war schnell klar, dass wir zusammengehörten und so siedelte ich schon bald nach Liessel in den Niederlanden zu Antoon um. Nach Issum war es nicht weit, nur kurz über die Grenze. Wir verbrachten eine intensive Pferdezeit. Durch ihn absolvierte ich auch Turniere in den Niederlanden und konnte somit nicht nur meine Erfahrungen erweitern, sondern darüber hinaus viele interessante Menschen kennenlernen, von denen ich viel über Pferde lernte.

Denn ich hörte einfach nicht auf, mich fortzubilden. Ab 1990 bildete ich mich zur Trainerin A/FN der Deutschen Reiterlichen Vereinigung weiter und erlangte im Laufe der Zeit immer mehr Zertifikate und Auszeichnungen. Es folgten Jahre des intensiven Trainings und der Vorstellung von Hengsten zu Körungen (dabei handelt es sich um die Auswahl und Vorführung von Tieren für die Zucht) und Hengstschauen der Rassen Warmblut, Kaltblut, PRE (Spanier) und Shetland. Insgesamt hatte ich neun Siegerhengste Kaltblut und Shetland. Also, ich war gut beschäftigt. Über Langeweile konnte ich nicht klagen – etwas, das in meinem Leben sowieso nicht vorkommt. Eher bedauere ich, dass der Tag nur 24 Stunden hat. Arbeit, insbesondere die Arbeit mit den Pferden, stellte für mich nie eine Qual oder Belastung dar. Die Arbeit bei Diebels und die als Trainerin und Reitlehrerin erfüllten mich mit einer tiefen Befriedigung.

Es gab auch ein Leben neben Diebels und den Pferden, aber ganz ehrlich, es war nicht ausgeprägt. So lebten auch Antoon und ich uns nach knapp zehn Jahren auseinander, es gab einfach zu wenig Zeit für Gemeinsames.

Und dann begegnete ich 2002 einem ganz wunderbaren, großen Menschen!

Frühe Jahre bei Diebels

Carmen bei einer
Marketingaktion bei Diebels

Die 17 Jahre
bei Diebels
waren sehr
spannend

Deutsche Tourenwagenmeisterschaft
2001

Kapitel 3

Tammes Gabe und die ersten gemeinsamen Jahre

Tamme war also ein Knochenbrecher oder, wie es in Ostfriesland genannt wird, ein Knakenbreker. Aber was ist das überhaupt und woher kommt es, wer hat es ihn gelehrt oder war es eine angeborene Gabe? Ich habe mich viel und lange mit Tamme darüber unterhalten, er selbst hat ein wenig geforscht, sich viel mit den Menschen in Ostfriesland unterhalten und natürlich auch seine Familiengeschichte herangezogen.

Niemand kann sagen, wann und wo es den ersten Knakenbreker gab. Sie waren immer schon da. Immer gab es jemanden, der helfen konnte, wenn einen das eine oder andere Wehwehchen plagte oder wenn ein Tier krank war. Wie wir es aus Dokumentationen über Naturvölker kennen, hatte jeder „Stamm" seinen Schamanen, seinen „Zauberer", seine Kräuterfrau oder andere Heilkundige. Ostfriesland war immer ein dünnbesiedelter Landstrich, der durch seine besondere geographische Lage – die großen Moore im Süden und die Hinwendung zur See im Norden – abgeschieden von anderen Gebieten lag. Dadurch verlief sowohl die politische als auch die gesellschaftliche Entwicklung anders als in vielen anderen Teilen des Landes. Älteste Funde zeugen von einer Ansiedelung vor über 10 000 Jahren. Ostfriesland durchlief verschiedene Phasen der Besiedlung, von den Germanen über die Römer, die Franken, die Wikinger und viele andere Völker. So vermutet man den Ur-

Tamme 2001
mit Püppi

sprung der Volksgruppe der Friesen oder Frisii bei den Germanen. Doch auch alle anderen hinterließen ihre Spuren, behielten aber nie vollständig die Herrschaft über diesen Landstrich im Norden. So formten die Menschen, die dort lebten, ihre eigene Kultur, ihre eigenen Gesetze und Formen des Zusammenlebens. Es gab keine großen Städte oder Orte von besonderer strategischer Bedeutung, sodass keine großen Burgen oder Wehranlagen gebaut werden mussten.

Prägend war der Kampf gegen das Meer, seine gewaltigen Sturmfluten, die über die Jahrhunderte hinweg immer wieder viele Bewohner das Leben kosteten und viel Land verschlangen.

In diesen dörflichen Strukturen fehlten ausgebildete Mediziner, fehlten im Mittelalter Bader und Medikusse, fehlten große Klosteranlagen mit heilkundigen Nonnen und Ordensbrüdern. Es gab keine Bücher, die medizinisches Wissen weitergaben, und es wurde nicht an Schulen gelehrt. Begabungen im Heilen wurden vererbt, Kenntnisse wurden mündlich oder in einer „Lehre" von Generation zu Generation weitergegeben. Nicht selten wurden das „Amt" und die Fähigkeit des Heilens oder des speziellen ostfriesischen „Knakenbrekens" in der Familie weitergegeben.

Mit dem Herannahen der Moderne, der Christianisierung und der Aufklärung setzte sich natürlich auch in diesem Landstrich die „moderne" Medizin durch. Aber wie es oft bei isolierten Gebieten zu beobachten ist, werden Traditionen wesentlich länger und nachhaltiger fortgeführt, als in stark besiedelten Städten oder Territorien. So überlebten z. B. im Allgäu oder in einigen Gebieten Österreichs Traditionen, die der des ostfriesischen Knochenbrechers ähnlich sind, dort aber „Einrichter" oder „Beinrichter – Boanrichtr" genannt werden. Gemeinsam ist ihnen die Fähigkeit zum Einrenken und Richten von Gliedmaßen und die Heilung einiger Krankheiten oder des Gemütes. Oftmals spielt gerade in diesen

Im Jahr 2000:
Tamme und „Opa"

südlichen Gebieten neben der Ausbildung der anlagenmäßig bedingten Begabung das religiöse Bewusstsein des Heilers eine Rolle, das sich in Konzentrationsgebeten und der Verwendung altertümlicher Segenssprüche manifestiert.

Jeder Knochenbrecher behandelt nach seinen eigenen Methoden. Es gibt ja nicht den klassischen Ausbildungsberuf „Knakenbreker". Wenn der moderne Chiropraktiker als legitimer Nachfolger des Knochenbrechers beschrieben wlrd, so ist dies nur ein Teil der Wahrheit und aufgrund der nicht vorhandenen anerkannten Ausbildung kann es auch oftmals zu Streitigkeiten über Legitimationen kommen. Darf ein Knochenbrecher Menschen behandeln, darf er sie einrenken? Darf er Warzen besprechen oder Tinkturen verabreichen? Die Knochenbrecherei befindet sich in einer Grauzone, die immer wieder Anlass zu Auseinandersetzungen geben kann.

Eines der wenigen Kinderfotos von Tamme

Bei Tamme war es auch nicht viel anders. Auch er „erlernte" die Kunst des Knochenbrechens von seinem Großvater, der schon über dieses Talent und diese Fähigkeiten verfügte. Die Gabe der „Knochenbrecherei" ist in Tammes Familie bis ins 16. Jahrhundert zurück nachgewiesen. Beobachten, Hinterfragen, Zuhören und Nachahmen waren die ersten Ausbildungsschritte hin zu dem, was Tamme später wurde. Sein Groß-vater sagte zu ihm:

> „Du wirst etwas empfinden.
> Hinterfrage es nicht, mach' es einfach."

Tammes Großvater war der Erste, der das Talent und die Begabung Tammes erkannte. Während „Opa" in der Linie derer, die mit der Gabe gesegnet waren, übersprungen wurde, war diese bei Tamme sehr deutlich und stark ausgeprägt. Sein Großvater beobachtete ihn bei seinem Umgang mit Pferden im Stall. Er stand nur da und schaute Klein-Tamme zu, der ja schon sehr früh mit den Tieren in Kontakt gekommen war und sich zu ihnen hingezogen fühlte. Der Großvater züchtete Ostfriesen, ein schweres Warmblut mit großem Bewegungsdrang.

Tamme verbrachte seine Schulferien immer auf dem Hof seiner Großeltern. Wenn er mir von dieser Zeit erzählte, wurde sein Gemüt immer etwas melancholisch und oftmals verlor er sich in seinen Erinnerungen. Sowohl seine Großmutter als auch sein Großvater waren ganz besondere Menschen für ihn, die ihn mit ihrer Zuneigung und Fürsorge sehr prägten. Dort fühlte Tamme sich angenommen und heimisch. Besonders, da sein Großvater sein Talent nicht als Spinnerei abtat, sondern tatkräftig unterstützte.

Tamme begleitete seinen Großvater häufig auf dessen Touren durch die Nachbarschaft, wenn dieser gerufen wurde, um kranken Tieren zu helfen. Der Großvater wurde bei allerlei Krankheiten und Wehwehchen gerufen, da die Leute um seine Fähigkeiten des Heilens wussten und oftmals mehr Vertrauen in diese setzten, als in die Schulmedizin. Tamme beobachtete, wie er die Tiere ertastete und hörte aufmerksam zu, wenn er ihm erklärte, was er gerade spürte. Vieles geschah aber auch einfach nur durch Nachahmen und Zeigen. „So, Tamme, jetzt fühl mal da drüber und sag mir, was du spürst." Dies war einer der Standardsätze, die zwischen den beiden gesprochen wurden, wenn sie unterwegs waren. Da Tamme im Kindesalter eher zu den Großen gehörte, war es für ihn auch kein Problem, die entsprechenden Stellen des Tieres zu ertasten. Tamme bekam dann von den Landwirten und anderen Nachbarn eine Süßigkeit oder andere Leckereien, während Großvater natürlich mit nahrhaften Getränken versorgt und belohnt wurde.

Tammes Großvater erklärte ihm auch, dass es ganz verschiedene Talente unter den Knochenbrechern und speziell in der Familie gab. Manche konnten Warzen oder ähnliche Erkrankungen besprechen, manche konnten Wasseradern auffinden und versiegeln, manche konn-

"Falsche Cur",
Kreidelithographie um 1865

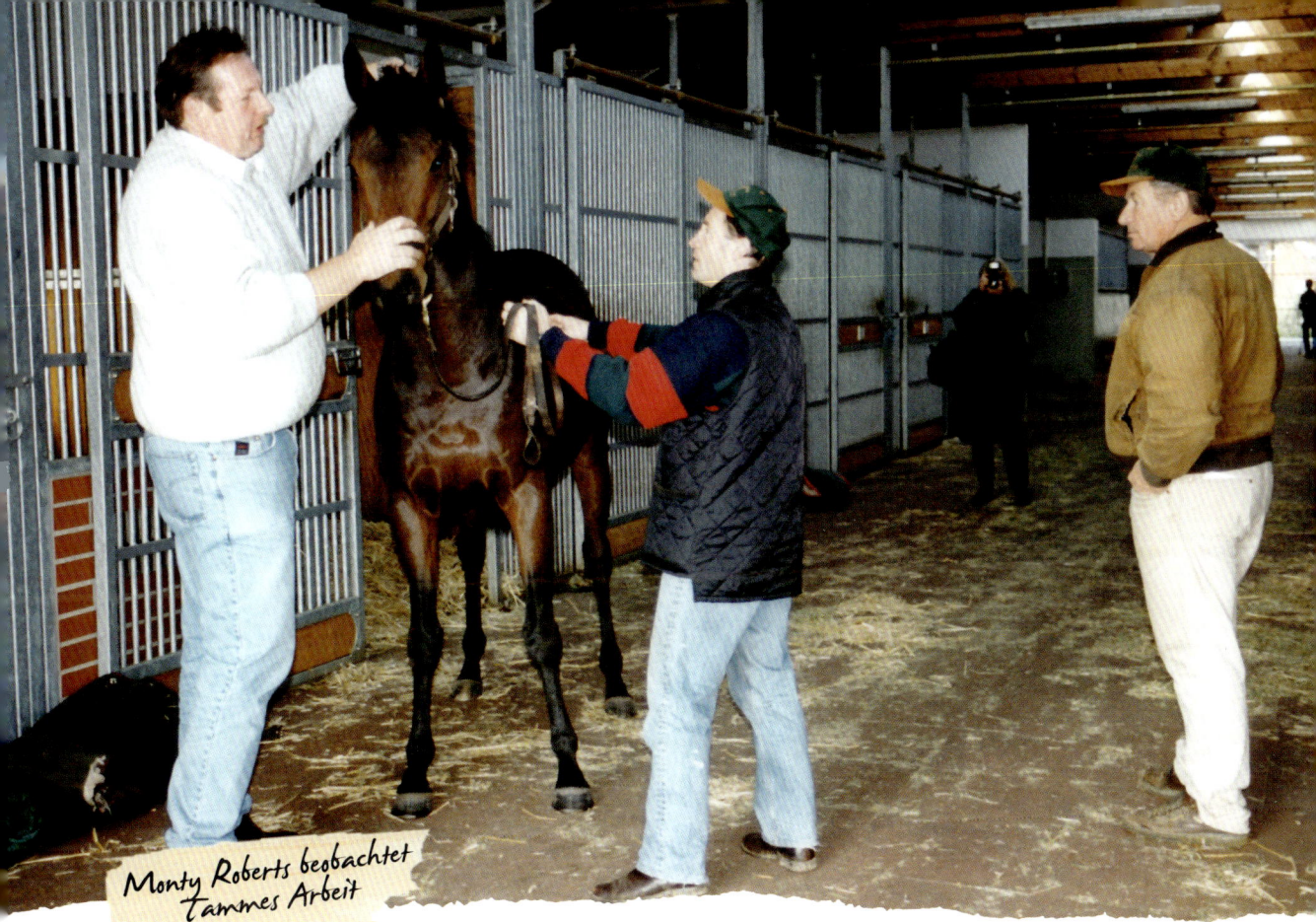

Monty Roberts beobachtet Tammes Arbeit

ten besonders gut mit Kräutern umgehen und wieder andere konnten Erkrankungen bei Tieren erfühlen und heilen. Wenn Tamme dann seinen Großvater fragte, wie das denn alles funktioniere, war dessen Antwort häufig genug: „Das kann ich dir auch nicht erklären. Einfach machen, nicht darüber nachdenken und dem lieben Gott danken." Der liebe Gott war nämlich immer irgendwie mit im Spiel. Nicht, dass Tamme sich durch besondere Frömmigkeit ausgezeichnet hätte, aber da war eine Demut und Dankbarkeit vorhanden und ein Glaube an etwas, das ihm diese Gabe geschenkt hatte.

Weibliche Knochenbrecher gab es wohl nicht. Auf alle Fälle gibt es über sie keine Überlieferung oder niemand erzählt von ihnen. Heilkundige Frauen, ja sicher. Aber nicht solche, die als Knakenbreker aufgeführt wurden. Da war und ist das Leben in Ostfriesland noch ganz männlich geprägt.

Tamme begleitete also einige Jahre lang seinen Großvater und lernte immer mehr. Es war aber nicht so, als würde er sich schon als Knochenbrecher sehen. Eher war es wie ein Aufsaugen, ein Verarbeiten und Speichern all der wertvollen Informationen, die dann später das Fundament für seine erfolgreiche Arbeit wurde. Tamme ging auch nicht her und prahlte mit seinen Fähigkeiten. Er traute ihnen in den jungen Jahren ja selbst nicht. Dies sollte erst später kommen. Erst einmal absolvierte er seine „Ausbildung", die hauptsächlich aus Zusehen und Zuhören bestand – und heimlichem Ausprobieren, wie er mir auch einmal gestand. Natürlich war Tamme immer schon neugierig und in manchen unbeobachteten Momenten versuchte er das, was er beim Großvater gesehen und gehört hatte, schon selbst anzuwenden. Obwohl dies natürlich ausdrücklich verboten war. Aber Tamme, Verbote und Grenzen sind ein ganz anderes Kapitel.

Ein guter Freund von uns, der in Norddeutschland sehr bekannte Onkologe Dr. Jan Janssen, versuchte Tammes Gabe einmal so zu erklären:

„Manche Menschen werden mit besonderen Talenten geboren."

„Manche sind so außergewöhnlich auf ihren Gebieten, wie z. B. Michael Jackson in der Musik. Tamme wurde mit besonderen Talenten geboren, die es ihm ermöglichten, mehr und genauer zu sehen als andere und mehr und anders zu fühlen. Wissenschaftlich zu erklären sind solche Phänomene nicht. Aber das schmälert nicht ihre Wirksamkeit oder ihre Erfolge."

Wer Tamme bei seiner Arbeit beobachtet hat, wird gesehen haben, dass in vielen Fällen mehr passierte als nur ein „Einrenken" von Gliedmaßen. Er wird gesehen haben, wie Tamme eine Verbindung mit dem Tier oder dem Menschen aufgenommen hat, wie sehr es ihn auch anstrengte, seine Energien zur Heilung der Wesen einzubringen und wie sonderbar

Tamme erklärt die
Ursache von Blockaden

es erschien, dass er nur durch Auflegen der Hände in einen sehr großen Erschöpfungszustand verfiel und Zeit brauchte, um sich zu regenerieren. Vielleicht trifft der Begriff „Energiefluss" am ehesten das, was zu beobachten war. Aber das soll nicht darüber hinwegtäuschen, dass hinter allem ein überaus profundes, sehr genaues und aktuelles Wissen über die Physiognomie und das Wesen der Tiere lag. Tamme lernte sein Leben lang und verblüffte auch mich immer wieder mit seinem immensen Wissensschatz. Er wusste Bescheid, er tat nicht nur irgendetwas, sondern war medizinisch so versiert, dass selbst gestandene Mediziner ihren Hut vor ihm zogen. Dabei fragte ich mich oft, wann und wo er dieses Wissen erwarb. Er, der ständig im Auto unterwegs war, der zahlreiche Orte besuchte und scheinbar immer etwas tun musste. Ich sah ihn in den wenigen Stunden der Muse lesen, er stöberte im Internet und auf seinen langen Autofahrten hatte er auch viel Zeit, sich um vieles Gedanken zu machen, sich zu fragen: Was muss ich noch wissen, wo fehlen mir noch Informationen. Er sprach mit den Menschen, er fragte und hörte zu. Wenn er etwas nicht verstand, ließ es ihm keine Ruhe, bis er die Antwort kannte. Damit erstaunte er nicht nur mich, sondern auch viele seiner Freunde und auch viele, die ihm vielleicht kritisch gegenüberstanden.

Seine Gabe beschränkte sich nicht nur auf das Einrenken von Gliedmaßen bei Mensch und Tier, sondern er konnte Erkrankung regelrecht „sehen". Auch dies erstaunte mich immer wieder, wie er vom bloßen Betrachten eines Menschen oder eines Tieres eine treffende Diagnose stellen konnte, die schwerwiegendere Erkrankungen zu vermeiden half. Es klingt immer ein wenig „esoterisch" und ich bin mir bewusst, wie schwer es für Außenstehende sein muss, dies nachzuvollziehen – ich war am Anfang genauso und war gerade in den Anfängen unserer Beziehung immer wieder sprachlos über die Fähigkeiten und Kenntnisse, deren Wirkungen und Ausübungen ich nun live miterleben durfte. Viele Geschichten hörte ich von Freunden und Bekannten. Von Menschen, die auch ich im Laufe der Zeit in mein Herz geschlossen habe, die uns all die Jahre begleitet haben und nun mich begleiten. Nicht nur ihrer Freundschaft und Loyalität wegen mag ich sie, sondern auch wegen ihrer Geschichten, die mir Tamme immer ein wenig näher

Tamme schaut kritisch auf
einen Patienten

Von Schmied Johann hat
Tamme viel gelernt

Schmied Johann hätte sicher viele
Anekdoten gekannt

Auch Hunde liebten Tamme

Reiterstammtisch Mai 2015: Die Anatomie des Pferdes in Bewegung

brachten und mich auch viel von dem verstehen ließen, was für mich anfangs noch verwunderlich war.

Angela Parrish ist so eine wunderbare Freundin, die mit Tamme schon seit Mitte der 1980er Jahre befreundet war und mit der ich bis heute tief verbunden bin. Angela erzählte mir einmal bei einem unserer ersten Treffen, wie Tamme sie damals geheilt habe. Sie wohnte mit ihrem ersten Mann in Borchfeld in Schleswig-Holstein und klagte seit längerer Zeit über Schmerzen in Gelenken, wenn sie Fleisch gegessen oder etwas Alkohol getrunken hatte. Tamme sei dann eines Tages gekommen und habe gesagt: „Meine Freundin hat doch kein Rheuma, das kann doch nicht sein." So tauchte er dann einige Tage später wieder bei ihr auf und brachte seine Wünschelrute mit. Er maß dann das Haus aus und meinte nur: „Ja, alles klar." Und ließ sie erst einmal staunend stehend, um eine Woche später wieder zu erscheinen. Er begab sich in den Garten und hob an vier Stellen im Quadrat die Grasnarbe grabartig ab. In diese versenkte er Kupferrohre, die mit Plastik ummantelt waren. Aber nicht, ohne Angela vorher zu fragen: „Sag mal, hast du hier irgendwelche Nachbarn, die du loswerden willst?" – „Nein, wie kommst du denn darauf", erwiderte sie. „Na gut, sonst hätte ich denen die ganze Ladung gelegt. Dann seid ihr die in einem Vierteljahr los." Was sie aber loswurde, waren ihre Schmerzen: sie verschwanden sofort und tauchten auch nicht wieder auf.

Bei ihrem Nachbarn, dem ehemaligen Werderaner Fußballprofi Frank Baumann, vollzog er eine ähnliche Wünschelrutenbehandlung und befreite auch ihn von Schmerzen.

In den nachfolgenden Jahren durfte ich noch häufiger Zeuge davon werden, wie Tamme mit seiner Wünschelrute Störfelder aufspürte und beseitigte.

Tamme kannte auch seine Grenzen bei der Heilung und Pflege von Tier und Mensch.

So arbeiteten er und auch ich eng und gerne mit anderen Fachleuten zusammen. Schmied Johann war ein solcher Fachmann. Leider ist auch er vor kurzem verstorben. Gerne hätte auch ich noch mehr von seinem profunden Wissen rund um Hufe und Beschläge gelernt. Tamme arbeitete acht Jahre mit und bei diesem beeindruckenden Mann und er sprach in höchsten Tönen von Johann, wenn er über die Kunst des Schmiedens und Beschlagens redete. Johann hätte bestimmt viele Geschichten zu erzählen gehabt.

Aber nicht nur im Bereich des Schmiedens, sondern auch in vielen medizinischen Fragen arbeiten wir intensiv mit versierten Veterinären zusammen. Tamme und ich sahen bzw. sehen keine Konkurrenz zwischen dem, was wir machen, und dem, was im Allgemeinen „Schulmedizin" genannt wird. Wir ergänzen uns, lernen voneinander und respektieren das Wissen und Können eines jeden anderen.

Auch ich war am Anfang skeptisch. Ich, die nun ja jedes Wochenende bei meinem zukünftigen Mann verbrachte und so immer tiefer in seine Arbeit miteintauchen konnte, verstand am Anfang vieles von dem nicht,

Tamme beaufsichtigt die Pflasterarbeiten

Der Hof bestand früher aus festgetretener Erde

Die „große Eröffnung"

was passierte. Während meiner langjährigen und erfolgreichen Aus- und Fortbildungen in vielen Bereichen des Pferdesports, erfuhr ich natürlich um die Wichtigkeit der Kenntnisse über die Physiognomie der Tiere, um Bewegungsabläufe, Skelettaufbau, Hufe und Beschläge, Zaumzeug, Sattel und richtige Haltung, und machte mir meine eigenen Gedanken, wie man das Zusammenspiel zwischen Tier und Reiter optimieren konnte. Das passte zu meinem Konzept, aber das, was ich bei den Kummertagen erlebte, war auch für mich neu.

Die Kummertage waren ein fester Bestandteil unseres Lebens und gerade Tamme immens wichtig. Ich fuhr also freitags von meinem damaligen Wohnort am Niederrhein hoch in den Norden. Tamme bewohnte eine gemütliche Wohnung in Filsum. Auf dem Hankenhof lebte Opa, also sein Vater. Dies war übrigens etwas, was mich anfänglich verwirrte. Alle sprachen von „Opa", ich sah aber nur den Vater. Es legte sich aber schnell und wenn ich nachfolgend von „Opa" erzähle, so wissen Sie nun, wer gemeint ist.

Der Hof sah damals noch anders aus. Wer auf den Hof kam, schritt z. B. nicht über gepflasterte Wege und Anlagen, sondern einfach über natürlich belassenen Boden. Es gab noch nicht unsere ausgebaute Wohnung im oberen Bereich, die Ställe und Weiden waren noch nicht in der Form, wie sie es heute sind. Tammes Baumhaus war noch in weiter Ferne und an vieles von dem, was mich heute mit diesem Hof verbindet und ihn auch zu einem Stück Heimat für mich werden ließ, war noch nicht mal in den kühnsten Träumen gedacht. Der Hankenhof wurde für uns ein lebendiges Synonym für Veränderung, für Dynamik und Weiterkommen. Ein Organismus, der sich mit unseren Bedürfnissen und den Ansprüchen, die wir an unsere Arbeit hatten, veränderte.

Aber erst einmal war mein Zuhause in Filsum die kleine gemütliche Wohnung, in der wir uns eingerichtet hatten bzw. in die auch ich nach und nach meinen Geschmack und meine Vorlieben einbringen konnte. Ich kannte die Wohnung ja nun schon von einigen Besuchen und wer eine typische Junggesellenwohnung vermutete, sah sich getäuscht.

Tamme liebte feine Sachen und hatte auch ein Gespür für Ästhetik und Kunst. Nein, er war kein Sammler von Kunstgegenständen, aber wenn er etwas sah, das er für eine Bereicherung der Wohnungseinrichtung hielt, so passte es wirklich oftmals. Ich möchte nicht verhehlen, dass es natürlich auch Dinge gab, die meinen Geschmack nicht trafen, insbesondere die Geweihe und andere „männliche" Utensilien brauchte ich nicht unbedingt, aber wir arrangierten uns. Aber das dauerte. Das machte Vertrauen notwendig. Etwas, das langsam wuchs und das ich mir mit meiner Ausdauer und Hartnäckigkeit auch erst erarbeiten musste.

Die Freitagabende gehörten zumeist dem Zusammensein mit Tammes Freunden. Er traf sich gerne und regelmäßig mit ihnen und oftmals wurden es gesellige und lange Abende mit vielen Geschichten. Es kam auch vor, dass wir auf Tamme warten mussten, wenn dieser noch unterwegs war und mal wieder Zeit und Raum vergessen hatte oder von langen Touren durch ganz Deutschland wieder nach Hause kam. Unpünktlichkeit war eine seiner Eigenschaften, die mir das Zusammenleben manchmal erschwerte. Sie war nie bös gemeint, sondern gründete in dem Bemühen, es vielen Leuten auf einmal recht machen zu wollen.

Ein guter Freund Tammes, Thomas Riedl, erinnerte sich in Gesprächen mit mir, wie Tamme ihn eines Morgens, als wir Besuch von Thomas und seiner Frau hatten, fragte, ob er Interesse hätte, sich schnell mit ihm ein Fohlen anzuschauen, das er eventuell kaufen wollte. Es sei in der Nähe. „Natürlich.", sagte Thomas. „Gerne!" Das war um 10.00 Uhr morgens. Nachts um 1.30 Uhr waren die beiden zurück. Wo war die Zeit geblieben, was hatten sie gemacht?
„Ach, das mit dem Fohlen war schnell erledigt.", erzählte Thomas. „Aber wie wir schon mal in dem Wagen saßen, meinte Tamme: ‚Komm, ich muss dir noch schnell etwas zeigen'. Und er fuhr dann einfach los, Norddeutschland entdecken. Mir kam es so vor als sei er durch ganz Schleswig und Niedersachsen gefahren. Tamme sagte dann immer zu mir: ‚Schau mal dahin und dort, da kannst du das sehen und hier erinnere ich mich, da war doch die Geschichte mit dem Wallach und, und,

Seine Freunde
waren Tamme
immer sehr
wichtig

Neujahr 2010 mit Ruth und
Thomas Riedl

Zu Besuch bei Freunden

Ausflug zum Perchtentanz

Carmen und „Opa"
mochten sich sehr

und.' Und dann wollte er mir noch etwas Besonderes zeigen. Vorher
kam aber die Warnung:

‚Egal, was man dir anbietet, nimm nur eine verschlossene Flasche Bier!'
Meine Neugierde war geweckt. Wir fuhren ins tiefste Schleswiger Land
und hielten vor einem alten, recht heruntergekommenen Gehöft, wie sie
zu dieser Zeit noch öfter in diesem Landstrich vorzufinden waren. Ein
original Schleswiger Bauernhof, wie Tamme erklärte. Die Leute könnten
kaum von dem, was der Hof abwerfe, überleben, könnten ihn aber auch
nicht abgeben. Und ich verstand, was Tamme mit dem ‚nichts annehmen
außer einer verschlossenen Flasche Bier' meinte. Die alte Bäuerin
führte uns in die gute Stube und wollte uns Tee anbieten und wir sahen,
wie sie vom Regal die Tassen nahm und erst einmal von Stroh und anderen Inhalten befreite. Als sie dann auch noch einen Topf herausholte
und dieser von lebendigen Inhalten bewohnt war, war schnell klar – nur
Bier aus verschlossenen Flaschen! Tamme erklärte mir, wie schwer es
für die Menschen dort war, alles ein wenig aufrechtzuerhalten. Er half,
so gut es ging. Nie nahm er von diesen alten Bauern Geld für Behand-

lungen oder weigerte sich, irgendwen oder irgendwas zu behandeln. Die Menschen mit ihren alten Wurzeln, ihren alten Traditionen, ‚seine‘ Menschen aus seinem Landstrich lagen ihm immer am Herzen und er wollte mit seinen Mitteln dazu beitragen, dass es ihnen ein wenig besser ging.“

Etwas, das ich mir im Zuge unseres Zusammenwachsens auch erkämpfen musste bzw. etwas, bei dem wir beide voneinander gelernt haben, war, miteinander und über sich selbst zu sprechen. Tamme war einer jener Männer, die kaum über Gefühle oder das, was sie im Inneren berührt, sprechen. Vielleicht haben sie es nicht gelernt, wurden anders erzogen oder dachten, dass man es als „Mann“ einfach nicht so machte. Ich sagte immer zu ihm: „Ich bin nicht nur deine Partnerin, sondern auch dein bester Kumpel. Du brauchst nicht mehr loszuziehen und dir irgendwelche Zuhörer zu suchen, du hast nun mich.“ Es war ein langwieriger Prozess, bis er diese Veränderung annehmen konnte und nachher auch sagte:

> **„Du bist das Beste, was mir passiert ist.**
> **Ohne dich hätte ich es nicht gelernt.“**

Meine Beharrlichkeit und natürlich meine Liebe ebneten den Weg zu dem weicheren Tamme, zu dem, der Vertrauen fassen und – wenn auch anfangs zaghaft, doch im Laufe der Jahre umso besser – über sich sprechen konnte. Viel hatte es meiner Meinung nach auch damit zu tun, dass ich nicht klein beigab. Ich hatte in meinen vorherigen Beziehungen oftmals das Gefühl, mehr Gebende als Nehmende zu sein. Nicht, dass die Beziehungen schlecht waren, aber es blieb ein schales Gefühl des Nichtausgewogenseins. Dies sollte mir mit Tamme nicht passieren. Tamme, der gerne im Mittelpunkt stand, der sagte, wo es langging, der die Richtung wies und wenig Widerstand zuließ, versuchte sich natürlich auch bei mir durchzusetzen. So trafen wir uns ja oft, wie beschrieben, Freitagsabends mit Freuden und es wurde des Öfteren sehr spät. Zu spät für mich, die die ganze Woche sehr viel gearbeitet hatte, sehr früh aufgestanden und dann noch in den Norden gependelt war. Tammes Spruch war immer: „Wir gehen überall zusammen hin und kommen auch zusammen zurück." Ich widersprach ihm, was Tamme oftmals zu der Reaktion veranlasste:

„Wenn dir das nicht passt, kannst du ja deine Koffer packen und gehen." – „Das wird nix. Ich bleibe. Ich bin Steinbock und dazu noch Rheinländerin!", habe ich dann oft geantwortet. Und genau das hat, glaube ich, etwas in ihm ausgelöst, nämlich den Respekt, dass ich ihm als Mensch gleichberechtig bin. Aber es kostete mich am Anfang einige Tränen, meine Position zu bestimmen.

Nach und nach erfuhr ich auch immer mehr von seinen Ursprüngen, von den Dingen, die ihn früh geprägt hatten. Opa mochte ich ja von Anfang an und auch er schien mir ganz wohlgesonnen zu sein. Das

Geburtstagskuss

Urlaub in den Bergen

Spaß muss sein

Verhältnis zwischen Tamme und seinem Vater erschien mir herzlich, von Respekt geprägt. Aber dies war nicht immer so, wie ich in langen Gesprächen mit Tamme erfuhr. Seine Mutter kannte ich gar nicht mehr, sie war zu dem Zeitpunkt unseres Kennenlernens schon seit drei Jahren tot. Und sie war es auch, die Tamme sehr früh verletzte. Wie er sagte: „Sie hasste mich." In den seltenen Augenblicken, in denen er von ihr erzählte – weil er es entweder nicht konnte oder nicht wollte, ich habe ihn da nie gedrängt – kam seine Wahrnehmung der Vergangenheit ans Licht. Seine Mutter machte ihn für die Schmerzen, die sie bei der damals üblichen Hausgeburt hatte, verantwortlich. Er muss ein sehr, sehr großes Baby gewesen sein, sie eine zierliche Frau, und lange und schmerzhaft war die Geburt. Zudem erkrankte sie nach der Geburt an Asthma. Dies hat sie ihm auch nie verziehen. So wurde Tamme zum Ursprung allen Übels. Er, der nichts dafür konnte, war aufgrund seiner außergewöhnlichen Größe, kein „normales" Kind. Er passte in kein Bett und musste in der Badewanne schlafen, er trug schon früh die großen, teureren Sachen, die extra für ihn angeschafft werden mussten, weil die ansonsten weitervererbten Kindersachen einfach nicht passten. Er bereitete ihr nur Ärger und Sorgen und das ließ sie ihn spüren. Er brach aus, er wehrte sich gegen diese Ungerechtigkeit mit seinen Mitteln. Er war nicht gehorsam, er war nicht das liebe Kind, sondern der störrische Herumtreiber, mit dem man nur Ärger hatte. Mit vierzehn war er ganz weg. Er verließ den elterlichen Hof und ward für viele Jahre nicht mehr gesehen.

Dies setzt sich alles aus vielen Jahren Erzählungen zusammen. Mein Wissen um Tammes Vergangenheit wuchs mit dem Vertrauen, das wir aufgebaut haben. Aber immer war es ein Thema, über das zu sprechen Tamme große Schwierigkeiten bereitete. Ich ließ ihn in diesem Fall gewähren. Ich spürte, dass das Bedürfnis dazu nur allein aus und vom ihm kommen konnte. Vielleicht sind dies auch die Wurzeln für seine grenzenlose Liebe zu Kindern, denen er ein besseres, ein schöneres Erleben mit Erwachsenen schenken wollte. Den Frieden schenken, der ihm selbst nicht gewährt war. Er söhnte sich mit seinen Eltern im Nachhinein aus, wobei das Verhältnis zu seiner Mutter immer belastet blieb. Zu Opa

Ausflug nach Schloss-berg im Sauerland

wurde es im Laufe der Jahre immer besser und der Tod seines Vaters berührte Tamme schließlich sehr.

So begannen also die ersten Jahre der Annährung, des Zusammen-wachsens. Ich will nicht behaupten, dass es mit ihm schwieriger war, als mit anderen Männern, aber aufgrund seiner Persönlichkeit, seiner Vergangenheit und vielleicht auch seiner Gabe, neigte er zu Extremen. Im Positiven, wie auch im Negativen. Seine sensible Seite lernte ich so auch kennen. Als er das Vertrauen gefasst hatte und lernte, dass Spre-chen über Gefühle und die Dinge, die ihn bewegten, gut für ihn waren, öffnete er sich immer mehr und ließ mich teilhaben. Natürlich bewegten ihn Schicksale von Tieren besonders: er stellte Tiere aber nicht über den Menschen.

Ich erinnere mich, dass eines Tages ein gut aussehendes und wohlge-nährtes Pony zum Kummertag kam, das angeblich austherapiert war und zum Schlachter sollte. Der kleine Mix aus Haflinger und deutschem Reitpony war steif, die Muskulatur vollständig verkrampft, Sehnen verkürzt und sein Bewegungsablauf zeugte von seinen großen Schmerzen. Seine jugendliche Reiterin stand mit Tränen in den Augen vor meinem großen Mann und wollte nur eins – ihr Pony sollte weiterleben, es sollte ihm gut gehen und sie würde alles für ihn tun. Sie bzw. ihre Eltern hatten schon alles versucht, meinten, alles richtig gemacht zu haben, und hatten sogar einen Sattel extra für das Tier fertigen und anpassen lassen. Es bekam gutes Futter, es wurde geliebt und gepflegt und dennoch sollte es jetzt dem Tode geweiht sein. Tamme wusste schon beim Ansehen des kleinen Schatzes, dass dies nicht der Fall war. Die Ursache seines Leidens war schnell gefunden. Tatsächlich lag sie im mit den besten Absichten und im guten Glauben extra angefertigten und angepassten Sattel – die ganzen muskulären Verspannungen und somit letztendlich die ganzen Blockaden, die dem Tier Schmerzen verursachten und ihn auch in seinem Charakter veränderten. Ein anfangs liebes Geschöpf wurde bockig und frech. Wer soll es ihm verdenken, bei all den Schmerzen, die es empfand? Tamme sprach sehr viel darüber in den Stunden, in denen wir abends zusammensaßen und den Tag Revue passieren ließen. Es trieb ihm die Tränen in die Augen und machte ihn gleichzeitig wütend. Wie war es möglich, dass jemand, der sein Fach gelernt hatte, der angeblich wusste, was er tat, letztendlich fast das Todesurteil für ein wunderbares Tier unterschrieb? Tamme meinte immer, dass er noch so viel zu tun habe, dass er noch so viel umherreisen müsse, um all den armen Kreaturen zu helfen und die Fehler anderer auszubügeln. Eine schier unlösbare Aufgabe, die ihn manchmal zur Verzweiflung trieb.

Immer rastlos, immer unterwegs.
Wie getrieben, allein von dem Willen zu helfen.
Und wie es ihn berührte.

Wir hatten noch lange Kontakt zu den Besitzern des kleinen Ponys und Tamme erklärte ihnen nach seiner erfolgreichen Behandlung, worauf sie beim Kauf eines Sattels zu achten hätten. Ponys haben oftmals keinen Widerrist und der Sattel muss dementsprechend auf Tier und Reiter angepasst sein. Der kleine Schatz bekam einen neuen Sattel und lief wieder einwandfrei, tollte herum und bereitete seiner Reiterin und seinen Besitzern noch große Freude. Tamme, der nach außen hin diese ungemein raue Schale hatte, wurde weich, wenn es um Tiere ging und manch lockerer Spruch sollte nur seine Sensibilität überspielen. Die konnte er dann bei mir zeigen, als er sich traute loszulassen, sich einzulassen.

Ich pendelte weiter. Vom Niederrhein nach Norddeutschland. Irgendwann wurde mir klar, dass es zu sehr an meinen Ressourcen zehrte, außerdem hatten Tamme und ich beschlossen, dass es wohl langsam an der Zeit sei, zusammenzuziehen. Also, eine Veränderung musste her. Ich kündigte meine Wohnung in Moers, um flexibel und frei von einer langen Kündigungsfrist zu sein. Da Tamme ja schon eine vollständig eingerichtete Wohnung hatte, habe ich alle meine größeren Möbel nach und nach verkauft und nur kleinere Teile meiner Einrichtung mitgenommen sowie Stücke, an denen ich besonders hing. Teil für Teil konnte ich in der verbleibenden Mietzeit mit meinen Fahrten am Wochenende schon mal im Pferdehänger in den Norden bringen. Der eigentliche Umzug bestand dann letztlich nur noch aus meinen Pflanzen.
Da ich aber zunächst noch weiter bei Diebels in Issum arbeitete, zog ich unter der Woche erst einmal bei meiner guten Freundin Christiane, die später auch meine Trauzeugin werden sollte, in ihrer Wohnung in Kamp-Lintfort mit ein und pendelte sozusagen in die andere Richtung. Ein halbes Jahr durfte ich Christianes Gastfreundschaft genießen und ich bin ihr dafür bis heute dankbar.

Mit Tamme bewohnte ich eine Mietwohnung in einem Zweifamilienhaus in Filsum. Natürlich hatte er auch dazu einen Kommentar: „Als ich alleine lebte, wusste ich immer, wo alle Sachen waren. Und jetzt, mit einer Frau im Haus, finde ich nix mehr." Es mag sein, dass er vorher alles gefunden hat, aber für mich blieb zuhause genügend Arbeit. Tamme hatte, so würde ich es vorsichtig ausdrücken, sein sehr eigenes Ordnungs-

Typische
Kummertage
auf dem
Hankenhof

Hunde-Kummertag
auf dem Hankenhof

Auch diesem Haflinger konnte
Tamme helfen

Tamme schaut ganz genau hin

system. Ich war aber schnell davon überzeugt, dass die Aufbewahrung wichtiger Dokumente in Schuhkartons keine besonders effiziente Methode war, um den Überblick zu behalten. Schnell nahm ich mich der Sachen an und er war auch dafür sehr dankbar. Ich hatte ja insgesamt 33 Jahre Büroerfahrung und so gingen mir diese Dinge leicht von der Hand. Ich war mir anfangs unsicher, ob es Tamme gefallen würde, aber da musste er durch. Um unserer Liebe willen, um mich als Mensch zu respektieren.

Wir entwickelten unsere kleinen Rituale. Etwas, das in vielen guten Beziehungen vorkommt und dessen Fehlen bzw. dessen Veränderung auf eine Veränderung der Beziehung hindeutet. Aber wir entwickelten erst einmal und veränderten nicht.

Auch wenn Tamme sehr viel unterwegs war, versuchte er trotzdem freitags, wenn auch ich kam, zuhause zu sein. Er plante seine Touren dementsprechend. Und es war ganz süß wie er sich darauf freute, wenn ich von der Autobahn anrief: „Bin bei unseren Windmühlen." (Damit war der Windpark in Dörpen gemeint). So wusste er, in ungefähr einer halben Stunde wäre ich bei ihm. Bei ihm selbst war es nicht immer abzuschätzen, wann er es schaffen würde. Nachdem ich bei ihm eingezogen war, legte er seine Touren wieder etwas anders. Aber gerade die Touren nach Süddeutschland bedeuteten endlose Kilometer auf der Autobahn, um nach Hause zu kommen. Es geschah nicht selten, dass er erst um drei oder vier Uhr morgens ankam, sich schnell etwas hinlegte und Samstagsmorgens um 10.00 Uhr die Behandlungen bei den Kummertagen begannen. Die Arbeit in den Pferdeställen oder Hallen konnte oftmals erst am Abend beginnen, da viele Besitzer berufstätig sind und erst dann über freie Zeit verfügen. Damals gab es noch keine Sammelstellen. So fuhr Tamme von Hof zu Hof oder Halle zu Halle, gerade dorthin, wo er gebraucht wurde und man auf ihn wartete. So waren 100.000 gefahrene Kilometer in einem Jahr keine Seltenheit. Er nutze die Zeit im Auto, um Radio zu hören und sich so über das aktuelle Tagesgeschehen zu informieren und um seine geliebten Zigarren zu rauchen, wovon er aber in den letzten Jahren immer weiter Abstand nahm. Sein Auto war sein Castle und so wurde auch dort immer gemacht, was er wollte. Und dies bedeutete für seine Mitfahrer, den Qualm zu ertragen und seiner Musikauswahl lauschen zu dürfen. Tamme war ein Fan von Blas- und Volksmusik, aber die Eggerländer Blasmusikanten stundenlang klaglos zu ertragen, ist für mich schon ein wahrlich großes Zeichen von Liebe und Zuneigung. Aber auch in diesem Bereich setzte ich mich langsam aber sicher durch. Ich, die Musik der 1980iger Jahre, Simply Red, Whitney Houston, Michael Jackson und andere mag, machte ihm die klare Ansage: „Wenn ich am Steuer bin und fahre, wird meine Musik gehört." Er akzeptierte. Widerwillig, aber er akzeptierte.

Bei unserem ersten gemeinsamen Weihnachtsfest in Filsum etablierten wir ein Ritual, das in den nachfolgenden Jahren zu einem festen Bestandteil unserer Weihnachtszeit werden sollte – und mir Tamme auch noch einmal von einer anderen Seite zeigte. Ich liebe nun mal die alten Sissi-Filme mit Romy Schneider, musste Tamme aber gar nicht groß überreden, sie gemeinsam anzuschauen. Wie sich herausstellte, war er ihnen nämlich auch sehr zugetan und schämte sich auch an den entsprechenden Stellen seiner Tränen nicht.

Die Kummertage begannen meist um 10.00 Uhr und endeten, wenn alle Patienten behandelt waren. Die Anmeldungen erfolgten im Vorfeld telefonisch oder per E-Mail und wurden der Reihe nach abgearbeitet. Dabei war es wirklich egal, wer sich angemeldet hatte. Es kam häufiger vor, dass bekannte Trainer oder Züchter, Funktionäre oder andere vermeintlich wichtige Menschen anriefen und uns dazu drängen wollten, eine bevorzugte Behandlung zu erfahren. „Sie können doch froh sein, dass ich überhaupt zu Ihnen komme." Solche oder ähnliche Argumente wurden angebracht. Tamme war das egal. Wenn Lieschen Müller sich vorher angemeldet hatte, kam sie halt vorher dran. Hier wurde kein Unterschied gemacht.
Bei den frühen Kummertagen wurden nicht nur Pferde und Hunde behandelt, sondern quasi alle Tiere, die eine Behandlung nötig hatten. Katzen eher ungern. Vor Katzen hatte Tamme großen Respekt, auch weil er wusste, dass ein Katzenbiss schmerzhafter bzw. gefährlicher

sein konnte, als der anderer Tiere. Erschwerend kam hinzu, dass viele Besitzer sich nicht trauten, die Katzen richtig festzuhalten und die falsche Technik anwandten. Tamme hat den richtigen Katzengriff auch erst lernen müssen, beherrschte ihn dann aber sehr gut. Es kamen aber auch Rinder, Hasen, Vögel, Meerschweinchen und eines Tages eine Echse, die vom Fernseher gefallen war. Was sie dort machte, war uns zwar ein Rätsel, vielleicht hat sie auf ihrem Ausgang Wärme gesucht und sie auf den Abluftschlitzen des Gerätes gefunden. Auf alle Fälle humpelte das Tier. Nun gut, dann halt auch eine Echse. Mit seiner besonderen Gabe gelang es Tamme, auch diesem Tier zu helfen.

Die Pferde wurden draußen vorgeführt und ich wuchs immer mehr in die Verantwortung mit hinein. Tamme bezog mich im Laufe der Zeit mit ein, fragte auch um Rat und ihm wurde meine Meinung immer wichtiger. Das „Kleinvieh" und die Hunde wurden im Haus behandelt und anfangs auch schon mal der eine oder andere Mensch, was mit den Jahren zu Behandlungstagen für Menschen wuchs. Im Laufe der Jahre konnten wir uns aber nicht mehr so vieler verschiedener Bedürftiger annehmen, und so konzentrierte sich die Arbeit hauptsächlich auf Pferde und Hunde. Zu den Kummertagen kamen nicht nur die Tierbesitzer, sondern auch einfach an Tammes Arbeit interessierte Menschen. So zum Beispiel auch Eric, der mir bis heute eine wertvolle Stütze auf dem Hof ist. Er besuchte uns gemeinsam mit einem Freund regelmäßig an den Samstagen, schaute zu, lernte und machte sich nach und nach immer nützlicher. Abends klangen die anstrengenden Tage zumeist in unserer „Kneipe" aus, dem Mittelpunkt unseres häuslichen Lebens auf dem Hof. Dort ließen wir – bei einem deftigen Essen und dem einen oder anderen Getränk – den Tag noch einmal Revue passieren, und bei einem dieser Abende fragte Tamme Eric dann, ob er sich vorstellen könne, nicht nur samstags auf dem Hof zu sein. Die Freude war groß und seither sind Erics große zupackende Hände und sein niederländischer Humor ein wichtiger Teil im festen Team des Hofes geworden.

Ich musste natürlich nicht nur bei Tamme und den Kummertagen ankommen, sondern generell in Ostfriesland, in Filsum und bei Tammes

Familie und Freunden. Opa hatte mich recht früh in sein Herz geschlossen. Ich fühlte mich respektiert und aufgehoben, nicht als Bedrohung für seinen „kleinen" Tamme, sondern als ein Mensch, der ihm gut tat. Schwieriger war es in Filsum. Dort bin ich bis heute nicht richtig angekommen. Das soll kein Vorwurf sein und keinen trifft eine Schuld. Es ist vielleicht diese uralte Angst vor dem Fremden, die gerade in kleinen, abgeschotteten Gebieten zu beobachten ist, und die früher einmal durchaus ihre Berechtigung hatte, weil es um das nackte Überleben ging und man die Gemeinschaft schützen musste. Mutti erging es im Siegerland ähnlich, auch dort, erzählte sie mir, wurde sie nie richtig heimisch, fühlte sich letztlich nie als akzeptierter Teil der Gemeinschaft. Dieses Gefühl kann ich auch heute noch, wo ich schon über 15 Jahre in Filsum lebe, nachvollziehen. Der Umstand, dass wir bzw. ich fast keine Patienten aus der direkten Umgebung haben – und wenn, dann sind es selbst Zugezogene – mag als Beleg dafür gelten. Die Nachbarn des Hankenhofes, die nun in einem ständigen Kontakt zu mir waren und sind, verhalten sich da schon etwas anders, sie sagen: „Du bist jetzt schon so lange da, du gehörst dazu.", aber zu der eigentlichen Dorfgemeinschaft kam nie ein warmer Kontakt zustande. Ich respektiere das und lebe damit. Anfänglich hatte ich mich zu engagieren versucht, wie im Reitvereinen in Moers, Duisburg und Kamp-Lintfort, wo ich Vorstandsarbeit betrieben und an vielen verschiedenen Projekten mitgearbeitet hatte, doch dies scheiterte in Filsum.

Tammes Freunde beäugten mich anfänglich auch eher skeptisch. „Was will die denn von unserem Tamme?" So oder ähnlich waren vielleicht ihre Gedankengänge. Schließlich mussten sie auch etwas aufgeben: die uneingeschränkte Verfügbarkeit ihres Freundes. Die Wochenenden gehörten dem geselligen Treffen und Feiern mit Tamme, und nun war da jemand, der ihnen diese Zeit streitig machen wollte. Da heißt es, genauer hinzuschauen und vielleicht erst einmal Vorsicht walten zu lassen: Was ist das für ein Mensch, versteht die unsere Sprache, Kultur, unseren Witz und die ostfriesischen Eigenheiten? Ich verstand und lebte mich ein, auch weil ich über sieben Jahre in den Niederlanden gelebt hatte und die niederländische Sprache dem Ostfriesischen sehr ähnlich ist. Wie in vielem war auch dies ein Prozess, der seine Zeit brauchte. Aber ich freue mich, bis heute mit vielen wertvollen Menschen befreundet zu sein, die mit der Zeit gemeinsame Freunde wurden.

So verbrachten wir auch viel Zeit auf dem Boot unserer Freunde Anne und Bernd Wolle, die ich bei meinem ersten Besuch in Filsum kennenlernen durfte. Tamme liebte alles an Ostfriesland und dazu gehört zweifelsohne auch das Wasser. Sein Spruch war immer: „Die Ostfriesen sind ein tolles Volk, zweimal am Tag wechseln die das Wasser." Anne bereitete diese Touren sehr liebevoll vor, machte kleine Häppchen und sorgte für die notwendigen Getränke – und so schipperten wir über Kanäle und Seen und konnten wunderbar entspannen von der harten Arbeit der Woche.

Das Lösen der gefangenen Fische vom Haken bereitete mir keine Schwierigkeiten – für das Ausnehmen waren aber zumeist Tamme

glückliche Bootsfahrt
mit Freunden

Selfie mit Freund Peter

sein Freund Peter zuständig, z. B. auch auf anderen Bootstouren mit unserem befreundeten Tierarzt. Ich merkte, ich tickte vollständig normal. Generell bereitet mir die Behandlung von Verletzungen bei Tieren keine Schwierigkeiten. Ganz im Gegensatz zu der Behandlung von Menschen, denen ich z. B. nie eine Spritze geben könnte.

Ich erinnere mich, wie Tamme einmal eine schwere Erkältung hatte und er sich selbst spritzen wollte. Ich sagte ihm nur, dass ich das nicht könnte und er dafür besser zum Arzt gehen sollte. Er antwortete nur: „Ach was, das mach ich schon selbst!", und verabreichte sich dann eigenhändig die Spritze. Tamme kannte dabei keine Schwierigkeiten. Natürlich nur im Rahmen dessen, was er sich selbst zutraute bzw. was ihm erlaubt war. Er hat nie bei seinen Behandlungen gesetzliche Vorgaben überschritten oder über seine Grenzen hinaus gearbeitet!
Ich war schon als junger Mensch viel auf Bauernhöfen unterwegs, auf denen damals noch selbst geschlachtet wurde. Das Blut der Tiere tropfte in große Tröge und sie wurden vor Ort zerlegt. Auch verunfallte Tiere kann ich gut behandeln, mit Spritzen, die intramuskulär gegeben werden, und anderen notwendigen Maßnahmen.
Die artgerechte Haltung von Nutztieren war immer ein ganz großes Anliegen von Tamme und mir. Ich bin kein Vegetarier und auch Tamme war dies nicht, aber gegen ausbeuterische Massentierhaltung wehre ich mich weiter mit der Energie, die auch Tamme immer in seinem Kampf für eine saubere und artgerechte Nutztierhaltung und Landwirtschaft aufbrachte. Ein Thema, welches ihn wie kein zweites sein Leben lang beschäftigte und in das er viel seiner Energie und Leidenschaft investierte. Aber dazu später mehr.

Ich lebte jetzt quasi schon anderthalb Jahre in Filsum (zumindest an den Wochenenden), als Tamme endlich meine Mutti kennenlernte. Durch seine vielen Behandlungen war er während der Woche ständig unterwegs und an den Samstagen fanden die Kummertage statt, so war leider vorher keine Zeit gewesen, nach Moers zu fahren. Meine Mutter war damals schon nicht mehr in der Lage, weite Reisen zu unternehmen, und so dauerte es bis zum Kennenlernen etwas länger. Aber dann

Familienfoto mit Schwester, Mutti und Onkel

Weihnachten bei Tamme

Mutti und Tamme haben Spaß

war es soweit. Wir fanden endlich die Zeit und ich konnte Tamme meine Heimat zeigen und – was noch viel wichtiger war – ihn meiner Mutti vorstellen. Ich kann mich noch sehr gut daran erinnern, wie Mutti von der ersten Begegnung berichtete:

> „Da mach ich also die Wohnungstür auf und da steht da ein Mensch ohne Kopf."

Mutti maß regulär 1,58 Meter und war durch ihre Erkrankung gebeugt, sodass sie vielleicht auf 1,53 Meter kam. Tamme maß 2,06 Meter. So konnte Mutti also im Türrahmen wirklich nur diesen massigen Körper sehen. Die beiden verstanden sich auf Anhieb. Mutti sah in ihm nach und nach den Sohn, den sie viel zu früh verloren hatte. Tamme versuchte es auf seinen Touren auch so einzurichten, dass er, und wenn es nur eine halbe Stunde war, kurz bei meiner Mutter vorbeischaute, sie in den Arm nahm und mit ihr schnackte. Das Bild dieser zierlichen Frau in den Armen dieses Riesen werde ich nie vergessen und mit welcher Vorsicht, Behutsamkeit und Respekt er diese Frau behandelte. Er, der ja von den traumatischen Erlebnissen mit seiner Mutter geprägt war, konnte in meiner Mutter den wertvollen, warmen und hilfsbereiten Menschen sehen, der seine „Cürti" (sein Name für mich, als Koseform meines Mädchennamens „Cürten") mit zu dem Menschen gemacht hatte, den er nun liebte. Seine Lehrlinge Martijn und Anton durften ihn bei diesen Besuchen des Öfteren begleiten und so lernte Mutti auch ein Stück des Hankenhofes kennen. Ich war sehr froh, nicht eine weitere Baustelle des Verständigens aufmachen zu müssen. Gerne hätte ich Mutti noch mehr von meinem Leben auf dem Hankenhof gezeigt, hätte sie gerne herumgeführt, ihr Tiere und Stallungen, Menschen und Höfe gezeigt, ihr Bräuche nahegebracht und das Meer und das Wasser gezeigt. Ich hielt natürlich regelmäßigen Kontakt zu ihr und sie, die sie sowieso an allem Tagesaktuellen interessiert war, schaute natürlich die Sendungen vom Hankenhof und Tamme und unseren Reisen.

Mutti und der
Mann ohne Kopf

Ein glücklicher Tag

„Sie dürfen die Braut jetzt küssen"

„Ja, ich will!"

Obwohl mein Tamme ja auch eine romantische Ader hatte, musste man ihm manchmal doch einen Weg ebnen, um das zu hören oder zu bekommen, was man wollte. Auch wenn er überzeugt war, dass es gut sei, konnte er es doch oft nicht ausdrücken.

„Tamme, wir sind glücklich mit einander, oder?" – „Sicher Cürti, so wie es Mann und Frau halt sein können. Hätten wir uns doch früher kennengelernt!" – „Und wir leben doch auch gerne miteinander und wollen dies noch viel länger, oder?" – „Wenn du immer schön alles machst, so wie ich es will, sehe ich da kein Problem." – „Na ja, sicher. Was hältst du denn dann davon, Nägel mit Köpfen zu machen?"

„Ach so, du meinst ...? Ja, warum denn nicht. Du kümmerst dich aber um alles. Hab' dafür keine Zeit und ich will nicht sowas kitschiges."

Ich weiß, romantisch geht anders, aber mit uns trafen zwei Pragmatiker aufeinander und ergänzten sich. So beschlossen wir also zu heiraten. In meinen vorherigen Beziehungen war nie der Wunsch nach einer Heirat aufgekommen und auch bei Tamme war dies in seiner langjährigen vorherigen Beziehung nie ein Thema gewesen. Wir waren also Neulinge auf dem Gebiet. Aber wie vieles in unserem Leben, sollte auch die Hochzeit natürlich ihre außergewöhnlichen, typischen Tamme-Elemente haben.

Als Datum legten wir Freitag, den 26. März 2004 fest. Das passte, da hatten wir beide keine Termine. Auch wenn wir quasi „jungfräulich" in die Ehe gehen wollten – also ohne jemals vorher verheiratet gewesen zu sein – kam für mich ein weißes Kleid nicht in Frage. Dafür fühlte ich mich mit meinen 44 Jahren einfach zu alt. Tamme hatte keine besondere Meinung dazu. Für uns kam nur eine standesamtliche Hochzeit in Frage. Aber die sollte schon an einem besonderen Ort stattfinden. Damals gab es die Möglichkeit – ich weiß nicht, ob das heute auch noch so ist – sich in einem Leuchtturm trauen zu lassen. Das hätte uns beiden gefallen. Leider war zu dem fraglichen Zeitpunkt kein Termin im

Pilsumer Leuchtturm frei. Wir wollten aber beide etwas, was das Land, die Traditionen und den Geist der Menschen symbolisierte. Schließlich fanden wir dies in der Mühle in Hinte bei Emden. Windmühlen prägten über Jahrhunderte das Erscheinungsbild des Landes und hatten, wie schon erzählt, auch für uns eine besondere Bedeutung. Die Mühle stammt aus dem Jahr 1869 und ist ein sogenannter dreistöckiger Gallerieholländer, der, liebevoll restauriert, nun im obersten Stockwerk ein Trauzimmer und unten eine angeschlossene Teestube beherbergt. Ein idealer Ort für uns.

Die Vorbereitungen liefen also größtenteils unter meiner Aufsicht, wobei Tamme natürlich ein Mitspracherecht hatte und ich ihm das Gefühl zu vermittelt versuchte, alles geschehe so, wie auch er es wollte. Die Anzahl der Gäste hielten wir in einem überschaubaren Rahmen: Familie und die engsten Freunde. Unsere Hochzeit war auch eine der wenigen Gelegenheiten, an denen uns meine Mutter im hohen Norden besuchte. Für sie war es ein ganz besonderer Anlass und ich weiß noch, wie glücklich sie für uns war. Auch meine Schwester kam mit hoch und von Tammes Familie waren Opa, seine Schwester, seine Neffen und andere mit dabei. Als Trauzeugin fungierte meine liebe Freundin Christiane aus Moers, die ich ja nun so lange schon aus gemeinsamen Pferdezeiten kannte und bei der ich nun schon ein halbes Jahr wohnen durfte, bevor ich endgültig in den Norden und mit Tamme zusammenzog. Die Wahl Tammes hat mich etwas überrascht. Nicht etwa, so wie ich erwartet hätte, sein bester Freund Thomas wurde gefragt, sondern Bernd Gärtner, ein Pferdemensch. Eine richtige Erklärung konnte Tamme dafür selbst nicht geben. Vielleicht aus einer Feierlaune heraus, aus einem glückselig beschwingten Männergespräch … aber es war nun einmal so, wie es war und sollte die Feier auch sicher nicht trüben. So um die 60 liebe Menschen feierten mit uns zusammen.

Meinen Junggesellinnenabschied organisierten meine Arbeitskolleginnen und -kollegen bei Diebels; Tamme feierte mit seinen Freunden im Dorf. Details habe ich nie erfahren, aber es wird schon nicht so schlimm gewesen sein, wir konnten uns überall noch sehen lassen.

Das glückliche Paar

Foto mit „Brauteltern"

Carmen und ihre
Trauzeugin Christiane

Der Schwiegervater

Carmen präsentiert
ihren Brautstrauß

Da wir beide die Sissi-Filme so liebten, wollte ich gerne ein Sissi-Kleid. Nicht kitschig, aber stilistisch angelehnt. Dies habe ich dann auch in „Nachtblau" gefunden und selbst Tamme hatte anerkennende Worte dafür übrig. Ihn haben wir auch schick gemacht und so waren wir durchaus ein Paar, das sich sehen lassen konnte.

So ganz aus seiner Verantwortung für die Vorbereitungen der Hochzeit kam Tamme dann aber doch nicht heraus. Eine Freundin von ihm sagte ihm einen Tag vor unserer Hochzeit, dass die Braut auf alle Fälle auch einen Brautstrauß bräuchte. Das fand er aber eher überflüssig, fügte sich aber in das Unvermeidliche und fuhr mit der Freundin zu einem Blumenladen ihrer Wahl. In dem Laden war man dann erst einmal überfordert, für den Folgetag den Blumenschmuck für meine Freundin, die Trauzeugin, für das Auto und für mich zu fertigen. Während der Bestellung sah sich Tamme im Laden um und entdeckte einen Kaktus in einem kleinen grünen Topf. Den hat er mitgenommen und gesagt:

> „Den bekommt sie als Brautstrauß. Wenn sie damit nicht umgehen kann, heirate ich sie nicht."

Am Tag der Hochzeit herrschte bei uns das übliche Chaos. Einige Freunde, Freundinnen und Familienangehörige waren zur Unterstützung schon zum Frühstück gekommen. Der Bräutigam wurde schnell eingekleidet und ansonsten wurde versucht, ihn möglichst kein Chaos erzeugen zu lassen. Ablenkung verschafften ein paar Getränke und mehr oder weniger sinnvolle Aufgaben. Aber die Zeit drängte und mein Tamme, der sonst seine eigene Zeitrechnung hatte – die Tamme'sche Zeit – saß mit einigen Leuten zusammen und wartete ungeduldig auf mich, damit wir nur ja rechtzeitig zur Trauung kamen. Schnell noch das Kleid anziehen, ein wenig Schminke auflegen, noch einen Blick in den Spiegel, ob alles passt – was hab ich vergessen? – und los! Wie immer wurde es zeitlich auf einmal eng und alles rannte zum Auto. Was zurück blieb und vergessen wurde, war mein Brautstrauß. Das bemerkten wir leider zu spät.

Ein Hochzeitsgeschenk
im Einsatz

Tamme war ein überraschend
guter Tänzer

Ein Herz aus Sägespänen

Tammes Zigarre in
guten Händen

So war die Überraschung des Standesbeamten, Herr Schneider, auch recht groß, als ich fragte, ob ich meinen Brautstrauß auf seinem Schreibtisch abstellen dürfte. Noch größer wurden seine Augen, als er den kleinen Kaktus sah, der natürlich nicht vergessen worden war. Es sollte nicht die einzige Überraschung bei dieser Trauung bleiben, die eigentlich 20 bis 30 Minuten dauert, sich bei uns aber über anderthalb Stunden zog. Dazu trug maßgeblich Tamme bei, mit seiner Erklärung des Brautstraußes und anderer Geschichten. Und sein langes Zögern bei dem berühmten, eigentlich ganz kurzen und schönen Wort „Ja", auf die Frage aller Fragen. Nein, Tamme konnte nicht einfach glückselig kurz und bestimmt „Ja" sagen, sondern überlegte erst einmal schmunzelnd vor sich hin. Als er endlich doch „Ja" sagte, konnte man den tiefen Seufzer des Standesbeamten förmlich hören. Das habe ich ihm aber sofort heimgezahlt und das gleiche Spiel auch durchgezogen – nicht ganz so lange, da ich keinen Herzinfarkt bei Herrn Schneider auslösen wollte. Als die Zeremonie vorbei war, sagte er: „Es gibt Brautleute, die sind so angespannt, da muss man gucken, dass man die entkrampft bekommt. Jetzt muss ich mir aber erst einmal etwas Gutes gönnen."
Nun waren wir also Mann und Frau, Herr und Frau Hanken.
In der Teestube beim anschließenden Kaffee- und Teetrinken und anderen Köstlichkeiten der Region, wich die erste Anspannung des Tages und wir realisierten ganz langsam, dass es nun amtlich war, dass unsere Liebe ein weiteres Fundament hatte. Ich glaube, das strahlen auch die Bilder aus, die wir auf dem Anleger der Teestube aufgenommen haben.

Die Verschnaufpause zu Hause nutzten Tamme und Opa zum Umziehen und – mit anderen Gästen – schon einmal, um einige gesellige Stunden zu verbringen, bevor die eigentliche Feier im von der Familie Blanck betriebenen Festsaal losgehen sollte. Ich kann mich an keine besonderen Rituale oder Bräuche bei dieser Feier erinnern. Viele Gegenden haben ja ihre eigenen Traditionen und ihr eigenes Brauchtum und obwohl Tamme ja sehr heimatverbunden war, schien dies bei unserer Hochzeitsfeier keine Rolle gespielt zu haben. Aber ein Hochzeitstänzchen gab es natürlich und auch da hat mich Tamme verwundert, er konnte nämlich gut tanzen. Das hatte ich vorher nicht so erlebt. Ob er heimlich trainiert hatte, habe ich nie erfahren, aber ich freute mich umso mehr. Als Hochzeitsgeschenk gab es eine wunderbare neue Kehrmaschine. Vor der Gaststätte hatte man Sägespäne in Form eines Herzens ausgestreut, die dann zusammengefegt werden sollten. Natürlich war das dann im Sissi-Kleid mein Job. Tamme hat sich dessen nicht angenommen. So sprangen einige Gäste ein, um mir zu helfen. Als Rache für Tammes Weigerung, aktiv zu werden, wurden dann die Späne auf unserer Garageneinfahrt noch einmal ausgestreut. Mit dem Ergebnis, dass wieder ich die Kehrmaschine schwingen durfte. Zum Glück nicht allein, sondern wieder mit Hilfe einiger lieber Freunde.

Eine Hochzeitsreise hatten wir nicht geplant. Zu viel Arbeit wartete auf dem Hof auf uns und mit Tammes vielen Reisen war dies zu diesem Zeitpunkt nicht vereinbar. Wir wollten sie irgendwann nachholen … Selbst zu unserem zehnten Hochzeitstag haben wir uns das versprochen. Ein leider nicht mehr wahr gewordener Traum. Aber am Samstag nach der Hochzeit gab es keinen Kummertag – als kleine Entschädigung also immerhin ein freies Wochenende.

Es war ein
wunderschöner Tag

Kapitel 4

Das gemeinsame Leben als Herr und Frau Hanken

Nun waren wir also Herr und Frau Hanken. Ein gutes Gefühl, ein Gefühl des „passend Seins", des „Ja, so ist es richtig". Gewöhnen musste ich mich nur an meine neue Unterschrift und daran, dass die Menschen mich mit „Frau Hanken" ansprachen.

Ich hatte meinen Job bei Diebels inzwischen gekündigt, denn genau zur rechten Zeit hatte ich ein Angebot der Brauerei Haake Beck in Bremen bekommen. Auch dort war eine Stelle im Marketing „Handel" zu besetzen. Etwas, das ich die letzten Jahren schon sehr erfolgreich gemacht hatte und in dem ich mich auskannte. Und so nahm ich diese dankbar an. Pünktlich zum 1. April 2004 trat ich also die neue Stelle in Bremen an und so fand auch das endlose Pendeln endlich sein Ende.

Nach sieben Monaten bei der Brauerei Haake Beck in Bremen wechselte ich noch einmal meinen Job und war für sechs Monate in einer privaten Zahnklinik im Qualitätsmanagement beschäftigt. Aber es passte nicht, ich fühlte mich dort nicht richtig wohl und die Versprechungen, die mir beim Eintritt in die Firma gemacht worden waren, wurden nicht eingehalten. Und so machte ich mich am 11. November 2005 selbstständig.

Meine Unabhängigkeit war ein Wesenszug, der Tamme in den ersten Jahren unseres gemeinsamen Lebens des Öfteren verwirrte und ihn

Tammes „Cürti" ist jetzt Frau Hanken

Gemeinsame Zeit – leider viel zu selten

auch schon mal zu Reaktionen trieb, die für mich dann wiederrum verwirrend waren. Ich sorgte in all meinen Beziehungen für meine finanzielle Eigenständigkeit, dies war mir immer wichtig.

Nie wollte ich jemandem etwas schulden, abhängig sein oder jemandem auf der Tasche liegen.

In einer Beziehung treffen immer zwei Menschen aufeinander und es kann entweder gut gehen oder nicht. Eine Gewissheit gibt es nicht. Ich war auch in einem Alter, in dem es nicht mehr so leicht war, eine Anstellung zu finden, gerade im Marketing, wo eher Jugend als Erfahrung zählt. Dennoch sorgte ich immer dafür, dass ich für mein Konto arbeitete. Tamme war jedoch der vielleicht etwas altmodischen Ansicht, seine

Partnerin brauche natürlich nicht zu arbeiten – also nicht „auswärts", für Geld. Arbeit auf und für den Hof, das war etwas anderes, das war „Familie" und selbstverständlich. Aber nicht für mich. Es nervte ihn dann manchmal, dass meine Lehrgänge an Wochenenden stattfanden, wo er doch die ganze Woche über unterwegs gewesen war und dann am Wochenende gerne Zeit mit mir verbracht hätte.

Und so gab ich meine Anstellung in der Zahnklinik auch erst dann auf, als ich mir sicher war, von meinen Lehrgängen, Reitstunden und von meinem selbst entwickelten Reitsystem BARS leben zu können. Natürlich geschah dies auch mit Tammes Hilfe und den Örtlichkeiten und Möglichkeiten, die ich am Hankenhof vorfand. Die Infrastruktur und das Zusammenleben mit Tamme hatten insoweit für meine Arbeit Vorteile, dass ich noch eine Menge lernen und dieses Erlernte auch sofort umsetzen konnte. Ich gab ja aber auch schon damals auch auswärts Reitunterricht und Unterrichtung in BARS, z. B. in Süddeutschland in Illtertissen, wo wir auch später eine Sammelstelle für Tammes Kummertage einrichten sollten. Hatte ich während meiner Festanstellungen vor und nach den Arbeitszeiten Unterricht gegeben, so konnte ich dies nun besser koordinieren und mit der Arbeit auf dem Hof in Einklang bringen. Die Arbeit wurde nämlich nicht weniger, sondern mit der wachsenden Bekanntheit Tammes und auch seinen Überraschungen, die er häufig von seinen Reisen mitbrachte, immer mehr. Mit dem Umzug auf den Hankenhof nach Opas Tod und dem weiteren Ausbau zu einem modernen und aufwendigen REHA-Zentrum, wurde dies später sowieso ein Fulltime-Job.

Tamme hatte die Pferde REHA schon in Betrieb, als wir uns kennenlernten. Eröffnet hatte er den Betrieb im Jahr 2000. Sein Ziel, genauso wie meines später, war es, die bestmöglichen Behandlungsmethoden für die Tiere anbieten zu können. Da er auch ein Mann der unkonventionellen Wege war, setzte er diesen Weg mit der Pferde REHA konsequent fort. Viele Ideen brachte er von seinen Reisen mit: ungewöhnliche Behandlungsmethoden, neue Therapien, gepaart mit seinen eigenen Erfahrungen und mit seiner eigenen Arbeit, ergaben Visionen, wie etwas sein könnte, wie etwas auszusehen habe. So hatte ihn bei einer Reise nach Peru auf einer Galopprennbahn eine besondere Behandlungsmethode zu einem damals einzigartigen Projekt für die REHA inspiriert. Ein Pferd der Galopprennbahn hatte einen Kreuzverschlag (steife Hinterhand-Muskulatur). Bei einer klassisch-konservativen Behandlung hätte es länger gedauert, das Tier wieder fit zu machen: mit einem langsamen Aufbauen, Entkrampfen und ähnlicher Ansätze mit dem Tierarzt. Die Mitarbeiter in Peru stellten das Tier aber in die Sonne. Und es war warm in Peru. Sie übergossen es immer wieder mit Wasser und ließen es in der prallen Sonne trocknen. Am nächsten Tag nahm der Galopper wieder am Training teil und war in der nachfolgenden Zeit wieder vollständig einsatzfähig.

Wenn das so erfolgreich ist, dann muss Peru halt nach Filsum, so Tammes Überlegungen.

Schade nur, dass das ostfriesische Wetter eher unbeständig, rau und im Winter auch schon mal bitterkalt ist. Davon ließ sich Tamme aber nicht abschrecken. Er suchte entsprechende Fachleute und baute mit ihnen, oder sie nach seinen Anweisungen, die erste Pferdesauna Deutschlands. Die Sauna fährt während einer Behandlung auf 65 Grad und 70 % Luftfeuchtigkeit. Hinzu kommen Aufgüsse mit ätherischen Ölen und Kräutern, die Tamme für die verschiedenen Bedarfsfälle zusammengemischt hat.

Eine weitere Innovation auf dem Gebiet der Pferde REHA war die Installation eines Aquatrainers auf dem Hof. Wasser als Thema lag in Ostfriesland auf der Hand. Aber der Einsatz für Tiere erschien doch eher abenteuerlich. Da Tamme aber nun absoluter Spezialist auch für die Physiognomie von Pferden war, überlegte er sich, wie Muskulatur mit geringem Widerstand entkrampft und gelenkschonend aufgebaut werden konnte. Was bei Menschen gut funktioniert, ließe sich vielleicht ja auch auf die Tiere anwenden. Und so sollte es auch sein. Ein Aqua-

trainer wurde gebaut und ist heute noch ein tragendes Behandlungs-
instrument bei den verschiedensten Erkrankungen, speziell für Bänder,
Sehnen und die Muskulatur.

Unser Leben war also weiterhin von Arbeit geprägt. Tamme hielt in ganz
Deutschland und auch in anderen Ländern seine Behandlungstage ab
und ich hatte mich als Reit-Trainerin und mit meinem Balance-Reit-Sys-
tem BARS selbstständig gemacht. Durch die Aufgabe meiner Festan-
stellung wurde die Arbeit jedoch sicher nicht weniger, vielmehr konzentrierte ich mich jetzt auf den Hankenhof, auf die Pferde REHA und meine
eigene Entwicklung. Und Arbeit auf dem Hankenhof gab es genügend.

Womit verdiente und verdiene ich nun mein Geld? Mit Lehrgängen und
Reitunterricht – und BARS, von dem schon zu lesen war. Von seinen

Pferdesolarium

Der Aquatrainer

Inhalten kann ich natürlich nur einen kleinen Einblick geben, sozusagen einen ersten Eindruck vermitteln. Eine umfassende Einführung wäre Stoff für ein weiteres Buch. Wobei natürlich die Praxis niemals durch die Theorie zu ersetzen ist.

Ich habe das Reiten nicht neu erfunden, dies schon mal vorweg. Aber ich habe ein System entwickelt, das spür- und sichtbare Erfolge in der gemeinsamen Arbeit zwischen Pferd und Reiter bringt. Die Arbeit mit dem BARS ist in Deutschland einzigartig, obwohl es nichts anderes ist, als die Pferde nach den klassischen Grundsätzen zu arbeiten. Das Motto dieses Systems lautet:

„Reiten und Hilfengebung fühlbar erleben."

Ziel meiner Arbeit ist, die Motivation des Pferdes zu fördern, seine naturgegebenen Talente zu sehen und es in ein Gleichgewicht zu bringen, damit es Spaß an der Arbeit hat und nachvollziehen kann, was es tun soll. Dabei ist es wichtig, auf die Natur des Tieres zu schauen, auf die Art, wie es sich bewegt, sein Exterieur und seinen Körperbau. Im Fokus der Arbeit stehen dabei funktionelle Hilfengebungen für die funktionelle Anatomie und so für das Gleichgewicht des Tieres. Losgelassenheit, Durchlässigkeit und Gleichgewicht werden durch Kenntnisse der Grundsätze der biomechanischen Vorgänge erreicht und somit eine funktionelle Anatomie. Ein Pferd lernt über Rituale, ähnlich dem Menschen oder anderen Tieren. Wenn eine Hilfengebung als Ritual transparent wird, gelingt es dem Pferd, sie zu koppeln und somit eine positive Verbindung herzustellen. So erreicht man letztlich ein harmonisches Miteinander. Ein sehr wichtiger Punkt dabei ist die Tempokontrolle. Ein Pferd, das in Genick, Ganaschen und/oder Maul gegen eine Reiterhand arbeitet, erreicht keine Losgelassenheit und somit keinen Spaß an der Arbeit. So sind beim festgehaltenen Genick zusätzlich die beiden wichtigsten Halsmuskeln – der Brustkiefermuskel und der Armkopfmuskel – fest. Eine Aktivierung der Hinterhand und eine Stellung der Ganasche sind NICHT möglich!

K

Arbeit nach BARS

Anschaulicher Unterricht

Carmen 2004 mit Paris Hilton

Trainingseinheit
mit Jumper

Bei meiner Arbeit greife ich auf meine klassische Reitausbildung zurück und kombiniere sie mit neuen Elementen, sodass mit den Jahren ein ganzheitliches Konzept entstanden ist. Dieses beinhaltet neben den grundsätzlichen Elementen auch die Überprüfung von Zubehör, Sattel, Zaumzeug, Beschlag, Trense und Zähnen.

Einer der wichtigsten Grundsätze ist: Die Balance und Beweglichkeit kommen vor der Vorwärtsbewegung, dem Tempo.

Wichtige Begrifflichkeiten sind z. B.:

• Reite dein Pferd von hinten nach vorne – reite dein Pferd vorwärts aus der Hinterhand (aus 50 % Kraft und 50 % Technik)

• mit Kreuz reiten: Wir reiten mit 75 % Kreuzhilfe, mit 20 % Schenkelhilfe und mit 5 % Zügelhilfe (= Feintuning)

• Im Trab ist das Sprunggelenk maximal an der Linie des herabhängenden Schweifes, sonst läuft das Pferd hinten raus und nicht unter dem Schwerpunkt

• Ausführung von Paraden, hier mit der Hand, durch Ausdrücken eines Schwammes

• die Hüfte schwingt in jeder Phase mit, sie schiebt nicht.

Der 2-Jährige Shire-Hengst
war Patient der REHA

Carmen ist eine erfolgreiche
Dressur-Reiterin

Carmen im Mai 2014

Ziel ist ein motiviert arbeitendes Pferd, das durch den Körper schwingt, von der Hinterhand bis zum durchlassen/loslassen der Bewegungen u. a. im Genick und Maul. Die Hauptaugenmerke liegen auf Tempo, Schwung, Gleichgewicht/Balance zur Förderung und Festigung des jeweiligen Talentes unter der Berücksichtigung der folgenden Punkte:

• Individuum Pferd
• Natur des Pferdes (u. a. natürliche Schiefe)
• Exterieur
• Bewegungsmechanik
• Biomechaniken.

Das Pferd gibt uns unter den o. g. zu berücksichtigenden Punkten an, wie es trainiert werden will/muss.

Weitere Ziele sind die Balance in der Bewegung in der Einheit mit dem Pferd, das Training in Anlehnung an die Natur des Pferdes und eine transparente, korrekte, funktionelle und für das Pferd verständliche, fühlbare Hilfengebung unter Berücksichtigung der funktionellen Anatomie des Pferdes. Und somit gleichzeitig auch die Entwicklung des Gefühls für den eigenen Balance-Sitz. BARS beinhaltet einen systematischen, konzeptionellen Aufbau der Arbeit unter dem Sattel und ein ursachenbezogenes, problemorientiertes Training (kein auswirkungsbezogenes Training, wie es leider meistens praktiziert wird).

Tamme gehörte nicht zu den Menschen, die als blendend organisiert gelten können. Vieles passierte bei ihm aus dem Bauch heraus und wurde spontan entschieden. Impulsiv wie er war, waren es auch manchmal Entscheidungen, die nicht sofort nachvollziehbar waren und nicht nur mich, sondern auch sein Umfeld verwirrten, wenn nicht sogar zur Weißglut bringen konnten. Im Gegensatz zu Tamme war und bin ich eine Frühaufsteherin. Bei mir klingelt der Wecker häufig um 6.00 Uhr oder früher, während Tamme auch schon mal gerne etwas länger liegen blieb. Bei wie vielen Terminen musste ich ihn regelrecht aus dem Bett treiben, natürlich nicht, ohne dass er darüber mehr als ungehalten war und unwirsch reagierte. Spätestens, wenn ich ihn das

dritte Mal darauf hingewiesen hatte, dass es Zeit sei aufzustehen, gab es böse Kommentare und ein tiefes Grollen. Tamme ließ sich nicht gerne verplanen.

Es gab ja die Tamme'sche Zeit und nur die galt für ihn.

So erinnere ich mich an eine spätere Begebenheit aus unseren ersten Hoffesten, bei der wir Kinder mit dem Vornamen Tamme eingeladen hatten.

Tamme ist übrigens die friesische Kurzform des Namens Thankmar, wobei dieser sich, aus dem Althochdeutschen stammend, aus *thank* (= das Denken, der Gedanke, der Dank) und *mari* (= berühmt, bekannt) zusammensetzt und Tamme somit frei übersetzt werden kann mit „der berühmte Denker, Gottes einmaliges Geschenk".

Die Kinder sollten sich also um 16.00 Uhr einfinden und Tamme sollte zu ihnen kommen. Aber nein, dies passte dann plötzlich nicht mehr in seine Zeitrechnung und in seinen Plan. Und obwohl er Kinder über alles liebte, ließ er sich nicht dazu bewegen, sich ihnen pünktlich zu widmen. Sturkopf. So gab es viele Situationen, in denen ich auch gerade in der Anfangszeit oftmals tief durchatmen musste und sagen: „Ja, gut, so ist er halt, lass' ich ihn, regeln wir das anders."
Ich stand also regelmäßig sehr früh auf und kümmerte mich zuerst um die Tiere auf dem Hof. Opa lebte ja damals noch und half mir. Füttern, Ausmisten, nach Fohlen schauen, Eier einsammeln und, und, und. Hofarbeit also, richtige Hofarbeit, wie im Fernsehen, nur dass sie hier echt war. Landwirtschaft wurde auf dem Hankenhof nicht betrieben, es ging um Pferdezucht, ein wenig Rinder und andere Tiere, wie Hühner etc. Hofhaltung und Landwirtschaft ist einer der intensivsten und anstrengendsten Berufe, die ich kenne und hat nichts mit dem romantisch verklärten Bild zu tun, das in Heimat- oder Rosamunde-Pilcher-Filmen

Hofhaltung ist sehr intensiv, macht aber auch viel Freude

gezeigt wird. Tiere kennen kein Wochenende und keinen Urlaub. Für sie ist jeder Tag gleich und sie sind es gewohnt, gefüttert zu werden, einen sauberen Stall zu haben, dass man sich bei Krankheiten um sie kümmert und – im Besonderen Pferde – beschäftigt zu werden. Stallungen und Weiden müssen instand gehalten werden, Maschinen gewartet und repariert, und so etwas wie Buchhaltung gibt es auch. Hühnereier müssen eingesammelt und Schweine versorgt werden, von all den anderen Kleinigkeiten mal ganz abgesehen. Und wenn man dann, so wie wir es die ganze Zeit über getan haben und noch weiterhin praktizieren, eine artgerechte und gute Haltung der Tiere ermöglichen möchte, wird die Arbeit nicht weniger. Die Landwirtschaft lag Tamme immer sehr am Herzen, die Würdigung der Arbeit der Bauern und ihrer Erzeugnisse. Dabei legte er stets größten Wert darauf, eine regionale, artgerechte und nicht das Land ausbeutende Landwirtschaft zu proklamieren. Massentierhaltung und extensive Landwirtschaft waren ihm immer ein Greul. So fragte er häufig Besucher und Interessierte, die auf den Hof kamen, oder auch viele junge Menschen, mit denen er gerne diskutierte, wie es denn möglich sei, dass jedes Huhn, welches sie beim Discounter kauften, genau 1000 Gramm wiegen könne. Komischer Zufall, oder? Oder wie es sein könnte, dass ein Liter Milch so wenig koste. Oder warum es denn wichtig sei, im Dezember Erdbeeren zu essen? Er wollte die Menschen sensibilisieren und aufklären. Eine Lanze brechen für die Landwirtschaft und mit den ganzen Vorurteilen aufräumen, die gerne durch die Presse propagiert und mit solchen Schlagwörtern, wie „für den Bauern gibt es kein richtiges Wetter", Subventionen und vielen anderen versehen werden.

Wir konnten und können von jedem unserer Stücke Fleisch, das wir essen, sagen, woher es kommt, wo das Tier aufgewachsen ist, wer es geschlachtet und zerlegt hat. Dies hat natürlich alles seinen Preis, das war auch Tamme klar.

> Aber ihm war es lieber, zu verzichten,
> als das Land und die Tiere auszubeuten.

Gerne verwies er auch in diesem Zusammenhang auf die wachsende Zahl von Allergien, von denen die Menschen heute geplagt sind. Nicht nur die Umwelteinflüsse, sondern auch die schlechte Ernährung waren für ihn ausschlaggebende Gründe dafür. Er hat, und ich in der Nachfolgezeit auch, viele Höfe sterben sehen und damit auch ein Stück Kultur und Tradition in Ostfriesland. Gerade die kleineren Betriebe können dem immensen Preisdruck nicht standhalten und es lohnt sich dann irgendwann ganz einfach nicht mehr, einen Hof zu betreiben. Generationen von Bauern werden ausgelöscht für immer billigeres Fleisch und preiswerte Milch. Wer Tamme in manchen Diskussionen erlebt hat, ist schon mal gerne einen Schritt zurückgetreten, um die Heftigkeit seiner Worte nicht unmittelbar abzubekommen. Ihm war natürlich bewusst, dass man das Rad der Zeit nicht zurückdrehen konnte und es keine Verhältnisse wie vor 150 Jahren geben würde. Aber es sollte auch nicht zu den heutigen Exzessen kommen.

Impressionen vom Hankenhof

Carmen im Mai 2007 mit Fohlen

Schnitzel und Becky

Hofhunde Socke und Lilly

Oben: Grey Rebell,
       Hannoveraner
Unten: Coast Rock,
       Oldenburger Ursprung

Tamme hatte übrigens ein besonderes Interesse oder einen Faible für das Deutsche Kaiserreich. Er war nicht so unreflektiert, es eine „goldene Zeit" zu nennen. Aber ihm imponierte wohl die damalige Stellung der Landwirtschaft mit ihren großen Gütern, mit ihrer ursprünglichen Prägung. Herr Bannenberg von der Sammelstelle Reichshof im Oberbergischen hat mir erzählt, dass Tamme bei seinen dort stattfindenden Kummertagen lange und ausführlich mit dem Wirt des Restaurants „Holsteiner Fähre" in Gummersbach, Friedhelm Meisen (der viele Artefakte und Ausstellungsstücke aus dieser Zeit in seinem Gasthaus beherbergt), über das Kaiserreich gesprochen hat.

Seit 1970 werden auf dem Hankenhof Hannoveraner und Oldenburger gezüchtet. Hannoveraner gehören zahlenmäßig zu den stärksten Warmblutzuchten und eignen sich hervorragend für den Pferdesport. Oldenburger schlagen in eine ähnliche Bresche, unterscheiden sich aber im Körperbau und Wesen etwas von den Hannoveranern. Tamme hat ja in seinem Buch schon viel über die Zucht geschrieben und ich möchte dies hier nicht vertiefen. Wer sich aber für den Pferdesport interessiert, wird um die Bedeutung der beiden Rassen für das Springreiten und die Dressur wissen. Aus der Hankenhofzucht entstammen viele erfolgreiche Tiere, die beste Platzierungen bei verschiedensten Turnieren und Schauen erreichten. Aber Tamme wäre nicht Tamme gewesen, hätte er der Pferdezucht nicht noch ein gewisses Extra mitgegeben. Als Verfechter traditioneller Werte und in dem Bestreben, fast Vergessenes ganz vor dem Vergessen zu bewahren, war er auf der Suche nach „seiner" Pferderasse und fand sie in den Boulonnais, diesen beeindruckenden Kaltblütern!

Warm- und Kaltblutpferde werden übrigens nicht durch ihre Körpertemperatur, sondern durch ihr Temperament und den Körperbau unterschieden. Warmblüter sind eher für den Pferdesport geeignet, während Kaltblüter oftmals bei schweren Arbeiten wie z. B. in der Forstwirtschaft als Zugpferde eingesetzt werden.

Tamme entdeckt seine Liebe zu den Boulonnais

Die Boulonnais wurden ab dem 14. Jahrhundert in Frankreich als Kriegspferde eingesetzt und in den nachfolgenden Jahrhunderten gerade dadurch stark dezimiert. Man kreuzte sie mit Rassen aus dem Orient, um sie schneller, ausdauernder und gewandter zu machen. Zumeist sind sie als Schimmel anzutreffen. Mit einem Stockmaß von bis zu 1,70 Metern sind sie sehr beeindruckende Tiere.

Tamme informierte sich also ausgiebig, wo und wie er an solche Tiere kommen konnte, und entdeckte schließlich einen französischen Züchter, der das passende Tier für ihn zu haben schien. Zwei Tage dauerten die Verhandlungen und manche Argumente wurden ausgetragen und mussten natürlich noch einmal verworfen werden und auch das eine oder

Erster Ausritt mit Jumper

Carmen und Jumper beim Hofspektakel

Ein tolles Team

Tammes ganzer Stolz

Ausritt ins Watt zugunsten des Kinder-hospizes „Löwenherz" in Syke

andere Glas Rotwein diente bei den Verhandlungen als Argumentations-mittel. Zu guter Letzt erwarb Tamme dann Jumper und er zog 2008 bei uns auf dem Hankenhof ein.

Zwischenzeitlich mussten wir sehr um ihn bangen. Im September 2012 konnte er morgens plötzlich nicht mehr aufstehen. Wir haben ihn nur mit Mühe hoch bekommen. Zuerst dachte ich, er hätte sich über Nacht festgelegen in der Box. Er konnte von Stunde zu Stunde seine Beine nicht mehr krumm machen. Als der Tierarzt kam, haben wir Blut abgenommen. Dabei kam beim Schnelltest heraus, dass er vergiftet worden war. Dank unseres sehr fähigen Veterinärs haben wir Jumper noch – sonst wäre er sicherlich nicht mehr bei uns. Die Toxine hatten seinen Stoffwechsel zerstört und zu Verwachsungen in den Vorderhufen

Zwei Prachtkerle

geführt. Gott sei Dank haben wir seinerzeit nach und nach herausgefunden, wie wir ihn füttern mussten: Er bekam anderes Futter und davon dreimal so viel wie zuvor. Außerdem steht er seither gut gepolstert, damit er keine Schmerzen hat. So haben wir ihn mit seinen 20 Jahren schmerzfrei und gut drauf – er scheint den dritten Frühling zu fühlen. Das macht uns alle sehr glücklich. Er soll es gut haben, solange er bei uns sein möchte. Er geht daher nicht mehr mit auf Reisen zu Messen und Ausstellungen, wie dem NDR-Landpartiefest und der Messe der Tarmstedt.

Leider ist Jumper nicht das einzige unserer Tiere, das unter Vergiftungen zu leiden hatte.

Am 25.10.2015 zu Gast bei
Markus Lanz im ZDF

Zu Gast in der NDR-Talkshow
am 27.04.2012

Wir lebten also zusammen, arbeiteten zusammen und versuchten, unsere Visionen weiter zu entwickeln und zu realisieren. Tamme hatte schon etliche Fernsehauftritte absolviert, war gern gesehener Gast in Talkshows, gerade wenn es um Themen wie Landwirtschaft und Tierhaltung ging und sorgte mit seiner direkten, authentischen Art auch für manchen Lacher in Fernsehdiskussionsrunden.

Seine erste mediale Aufmerksamkeit hatte er einer schweizer Zufallsbekanntschaft zu verdanken, die in den späten 1990er Jahren eine Reportage für das Lufthansa-Magazin machte. Er erzählte gerne, dass das etwa zwei Monate auslag und dann der Wahnsinn losbrach – nicht ohne zu bemerken, dass wohl viele Fernsehleute hauptsächlich im Flugzeug arbeiten würden. Unzählige Artikel wurden geschrieben – auch kritische. 2007 wurde über eine Agentur ein Pilotfilm gedreht, der beim NDR Gefallen fand. Tamme war in Norddeutschland schon so etwas wie eine kleine „große Berühmtheit" und auch über Ostfriesland hinaus bekannt. Es wurde die Idee entwickelt, ihn bei seiner Arbeit zu begleiten und seine Einsätze rund um Tier und Mensch filmisch zu dokumentieren.

Im Jahr 2008 startete der „XXL-Ostfriese" mit sechs Folgen und hatte sofort eine hervorragende Response. Die Arbeit mit dem Fernseh-Team gestaltete sich zuerst ungewohnt, aber gerade Tamme nahm von ihnen schon bald gar keine Notiz mehr. D. h. er war authentisch wie immer und konzentrierte sich auf seine Arbeit, egal ob er nun dabei gefilmt wurde oder nicht. Er machte einfach, ließ sich nichts sagen und von Einmischungen hielt er schon mal gar nichts – auch nicht immer einfach für die ausführenden Redakteure, Kameraleute und all die guten Geister, die eine anständige Folge produzieren wollten. Ein Drehplan oder Drehbuch machte bei ihm keinen Sinn. Wenn etwas geplant war, aber er der Meinung war, das würde jetzt nicht passen oder er müsste erst einmal etwas anderes tun, dann hatten sich alle danach zu richten. Er erwartete, dass man sich ihm anpasste und nicht umgekehrt. Für uns wurden die Drehtage immer lang. Die Fernsehleute verließen gegen 18.00 Uhr den Hof oder im Sommer auch schon mal später und wir machten anschließend in den Reithallen weiter. Aber

Glückliche Tage in Namibia

der Erfolg gab Tamme Recht. Die Serie wurde ein Quotengarant für den NDR und immer beliebter.

> Für Tamme war es auch ein wichtiges Stück Aufklärungsarbeit. Er sah die Produktion nicht als Chance, sich selbst bekanntzumachen, sondern seine Botschaften an ein breites Publikum zu vermitteln.

Die Sendungen waren so erfolgreich, dass bis zu seinem Tod knapp 70 Folgen produziert wurden. Zusätzlich gab es Ableger wie „Nur das Beste" mit 13 Folgen oder „Herd statt Pferd" mit acht Folgen. Dabei mussten oder durften – ganz wie man es sehen wollte – bekannte Köche wie z. B. Tarik Rose oder Horst Lichter mit Tamme kochen. Dass Tamme eher den Ergebnissen des gemeinsamen Kochens als dem eigentlichen Produzieren der Gerichte zugetan war, sah man ihm ja an. Aber er hatte doch so viel Spaß an der Sache, dass er immer plante, mit Horst Lichter noch eine gemeinsame Sendung zu produzieren, bei welcher sie zu Schlemmereisen in verschiedene Länder aufbrechen wollten. Leider auch eines der vielen Projekte, die nicht mehr realisiert werden konnten.

Bald schon beschränkten sich die Aufnahmen nicht mehr nur auf die Kummertage in Filsum, sondern wurden ausgedehnt auf Besuche anderer Reiterhöfe in ganz Deutschland, und auch im Ausland durfte er wirken. Seine Reisen für den NDR führten ihn bzw. uns nach Lanzarote, Amerika, Frankreich, Irland und Namibia.
Namibia – dieses Land hatte es uns angetan. 2011 besuchten wir es zum ersten Mal im Rahmen eines NDR-Drehs und verbrachten eine wunderschöne Zeit auf der Farm der Familie Jensen. Was uns auch bei unseren weiteren Besuchen faszinierte, war die Weite dieses Landes. Wir, die es gewohnt waren, den Blick über das platte Land schweifen zu lassen, konnten uns an der unendlichen Weite der

Abkauübungen vor dem Ausritt

Namibia hat es den beiden angetan

Wüste, der Steppe und der Küste nicht sattsehen. Zusätzlich gab es den Dschungel und andere aufregende Landschaften. Wir hatten uns sogar schon ein Stück Land angesehen, auf dem wir unsere eigene Lodge errichten konnten. Wenn es ein Land gab, in welchem Tamme sich vorstellen konnte, seinen Lebensabend zu verbringen, dann Namibia. Er hatte auch in Bezug auf Namibia schon wieder Visionen und Pläne. Aber ich riet davon ab. Wenn es tatsächlich einmal soweit sein sollte, dass wir etwas freie Zeit hätten, dann sollten wir nicht gleich mit dem Bau eines neuen Hauses beschäftigt sein. Wir waren immer gern gesehene Gäste bei Familie Jensen und mussten auch dort nicht auf unsere geliebten Pferde verzichten, da sie 22 Friesen auf der Ranch beherbergten. Tamme hatte auf „unserem Stück Land" sogar schon Wasser aufgespürt, nicht ganz unwichtig in diesem Land. Aber es sollte ein Traum bleiben.

Die Arbeit auf dem Hankenhof wurde von der Fernseharbeit nicht unterbrochen oder anders gestaltet. Ganz im Gegenteil. Mit der Zunahme von Tammes Popularität steigerte sie sich noch und erforderte eine immer bessere Koordination. Wir widmeten uns dieser Aufgabe. Dazu gehörte auch der Aus- und Umbau des Hankenhofes. Tammes Vater starb im Jahr 2011. War das Verhältnis in Tammes Kindheit und Jugend, wie beschrieben, sehr belastet gewesen, so wuchsen sie im Laufe der Jahre immer mehr zusammen und sein Verlust traf uns tief. Auch für mich war er eine Art Vater geworden, wie ich ihn mir gewünscht hätte. Wie sehr auch dieser Mensch dem Land und seinen Tieren zugewandt war und wohl auch über eine spezielle Bindung verfügte, zeigte sich bei seiner Beerdigung. Der Sarg wurde auf dem Weg zum Friedhof an seinen Weiden vorbeigefahren. Und da standen sie Spalier, seine Pferde. Ohne dass jemand sie gerufen oder geführt hätte, kamen sie zum Zaun und nahmen Abschied von ihm. Doch das war nicht alles, was schon unheimlich genug, aber auch tief bewegend war, auch die Pfauen, die damals noch lebten, nahmen „Aufstellung" auf einem Hausdach und wie zu einem letzten Gruß, begleiteten sie den Sarg mit ihren Blicken. Über dem Grab schwebte, als der Sarg hinunter gelassen wurde, ein gelber Schmetterling. Ich bekomme noch immer eine Gänsehaut, wenn ich daran denke. Opa war jetzt auch nicht mehr unter uns.

Der Ausbau
unserer Wohnung

Wo das Dach schon mal offen war,
wurde auch der Whirlpool eingelassen

Die Solaranlage
auf dem Dach

Umbau des
Hankenhofs 2011

Fertig!

Er hatte bis zu seinem Tod auf dem Hankenhof gelebt. Vor uns stand nun die Aufgabe, den Hof zu unserem Zuhause zu machen. Dabei spielten wieder Tammes Visionen eine wichtige Rolle. Zum Glück ließ er sich aber von einer erfahrenen Architektin beraten. So sind einige Pläne nicht umgesetzt worden, die weder mit dem Baurecht noch der Statik vereinbar gewesen wären. Uns war ein energetischer und ressourcenschonender Umbau sehr wichtig. So war es selbstverständlich, dass wir auf Solarenergie setzten, um unseren eigenen Strom zu produzieren. Das Dach wurde erneuert und das obere Geschoss zu unserer Wohnung ausgebaut, in welcher wir es uns gemütlich machen konnten. Wer baut, kennt das: Es passieren natürlich die einen oder anderen Ereignisse und Fehler, die nicht vorherzusehen sind. Nachdem z. B. das Dach vom Haupthaus abgenommen worden war, wurde ein überdimensionaler Whirlpool mit einem Kran in das offene Haus eingelassen. Leider waren die Anschlüsse vergessen worden, sodass der Whirlpool nach wie vor als Musterstück oben im Badezimmer steht. Die Stallungen wurden verändert und die Gestaltung der Außenanlagen

Kinder liebten Tamme

Elternverein für
krebskranke Kinder

war ja sowieso immer ein fortlaufender Prozess. Auch der „Hühnerstall" entstand, den Tamme so geliebt hat. Sein ganz persönlicher Rückzugsraum, sein „Baumhaus", der Traum eines jeden „Kindes".

Kinder waren uns immer sehr wichtig und auch heute engagiere ich mich leidenschaftlich für ihr Wohl. Wir selbst wollten nach unserer Hochzeit ein Kind adoptieren, aber die Behörden hielten uns als Eltern für zu alt. Ich möchte nicht wiedergeben, was Tamme dazu im intimen Kreis gesagt hat, aber wer ihn kannte, weiß, wie er bei einer von ihm empfundenen Ungerechtigkeit reagiert hat. Tamme war in seinen Augen eine ideale Erziehungsperson und so brachte er anderen Kindern seiner Meinung nach sinnvolles bei. Ein beliebtes „Opfer" seiner Erziehungsmethoden war z. B. sein Neffe, der von ihm als Kind die schnellste Methode lernte, einen Aschenbecher auszuleeren: einfach Auspusten. Ich erinnere mich auch noch daran, wie Tamme die kleine Tochter eines befreundeten Paares manipulierte. Wir beide als eingeschworene Werder-Bremen-Fans, hegten natürlich eine gesunde, freundliche Rivalität zu Hamburg-Fans, die das befreundete Paar nun einmal waren. Er hatte also in einem unbeobachteten Augenblick, als er mit der kleinen Tochter alleine war, nichts Besseres zu tun, als ihr beizubringen, die Arme hochzuwerfen und zu sagen: „Werder Bremen hurra, HSV pfui." Dabei nahm die Kleine die Hände vor die Augen. Und da Tamme eine fast magische Anziehungskraft auf Kinder hatte und die Kleine schnell lernte, war das Ergebnis für Tamme sehr zufriedenstellend.
Bei allen Begegnungen, bei allen Behandlungen und auch bei den Dreharbeiten war immer wieder zu beobachten, dass Kinder überhaupt keine Angst vor dem großen Mann mit der dunklen Stimme hatten. Ganz im Gegenteil.

Die Kinderherzen flogen Tamme nur so zu.

Da konnte es z. B. noch so ausgearbeitete Drehtermine geben, Tamme unterbrach alles, sobald er ein Kind erblickte. Die eigene Kinderlosigkeit war immer ein großer Schatten in unserem Leben, etwas, das uns das Schicksal – bei all den wundervollen Gaben und all dem Glück, das wir erleben durften – leider verwehrt hat.

Aber uns wurde die Gelegenheit gegeben, zu helfen. Unsere Wege kreuzten sich in diesem Jahr, 2010, durch die Vermittlung Jürgen Matzkes von der Band „Blue Sound", mit dem Elternverein für krebskranke Kinder und ihren Familien in Ostfriesland. Wir waren von den Schicksalen der Kinder so berührt, dass wir in den nachfolgenden Jahren immer wieder Gelder, die wir z. B. auch auf dem Hofspektakel eingenommen haben, spendeten. Wir haben auch immer wieder kurzfristig geholfen. Es gab da z. B. die 12-jährige Anne, die gerne Fotografin werden wollte. Zuerst hatte sie den Krebs im Griff, aber um Weihnachten kam die Leukämie zurück. Es sollte eine Typisierung stattfinden, die viel Geld gekostet hätte. Tamme hat dann kurz entschlossen gesagt: „Wir nehmen den Prämienhengstjährling mit nach Berlin und gucken, dass wir dort Lose verkaufen, um das Geld für die Typisierung zusammenzubekommen." Wir waren nämlich auf dem Weg zur Grünen Woche in Berlin, wo wir Pferde und auch unsere Leistungen vorstellen wollten. Ich sagte ihm dann: „Der kleine Mann alleine da, das ist doch auch nichts. Lass uns doch Gisela (die erste Tochter Jumpers aus der Braut Tütti) mitnehmen." So nahmen wir die beiden jungen Tiere mit und bekamen fast 6000 Euro zusammen. In Hesel, dem Wohnort der kleinen Anne, wurde dann an der Schule eine Typisierung organisiert, an der ich auch teilgenommen hatte. Tammes Blut war schon einmal vorher typisiert worden – es kam nicht in Frage dafür. Das war ein Gänsehauterlebnis, denn viele Lehrer hatten das mitbekommen und es kamen Busse mit Kindern an, die ebenfalls an der Typisierung für Anne teilgenommen haben. Leider dauerte es zu lange – Anne hat es nicht geschafft.

Zu Tammes Tod habe ich mir dann auch gewünscht, dass statt Blumen- und Kranzspenden auf dem Grab lieber Geld für den Elternverein gestiftet werden soll. Das haben viele Menschen gemacht. Es kamen über 9000 Euro zusammen.

In diesem Zeitraum, in dem wir Kontakt mit dem Elternverein aufgenommen hatten, entschied Tamme auch, dass alle Kinder möglichst früh ein

Tamme begrüßt die Gäste des Hofspektakels

Schaukelpferd bekommen sollten, nachdem er in Thüringen bei Susanne Sever ein niedliches Schaukelpferd gekauft hatte. So können sie schon herangeführt werden, Ponys zu putzen, zu liebkosen und natürlich auch zu reiten. Dies führte z. B. bei Tammes Patenkind Hanna, der Tochter unseres Tierarztes, dazu, dass das arme Schaukelpferd (das sie natürlich von Tamme erhalten hatte) nun gar kein Fell mehr besitzt, da es jahrelang liebevoll geputzt wurde. So wie die anderen Kinder von Freunden und Bekannten hat auch Hanna seinerzeit dann ein Ponyfohlen von unseren Minishettys bekommen. Diese Tradition hat Tamme bis zuletzt gelebt. Max und Moritz, die Zwillinge eines befreundeten Gastwirts haben auch zwei Ponys bekommen – ein helles und ein braunes. Natürlich wurden im Tierpass schon sofort die Namen Max und Moritz eingetragen.

Das Leben auf dem Hankenhof war geprägt von der Arbeit mit Pferden. So waren die Fohlenqualifikationen schon seit Jahren ein fester Termin in der Hankenhofplanung. Bei diesen Qualifikationen werden die Fohlen von einer Jury nach verschiedenen Kriterien, wie Gebäude, Korrektheit, Typ oder Schwung beurteilt und kategorisiert. Als eine der wenigen Stellen führten wir ein anonymisiertes Verfahren ein. Wurden die Fohlen bei der Präsentation zumeist mit ihrer Abstammung genannt, also Vater XY, Mutter AB, so verzichteten wir darauf, um eine Neutralität zu wahren. Zu leicht ließen sich die Preisrichter von Namen beeinflussen.

Tamme kam eines Tages auf die Idee, wenn schon ein Ereignis auf dem Hankenhof stattfinde, warum sollte man dann nicht mehr daraus machen? Wenn die Leute schon mal da sind, warum sollte man ihnen nicht mehr bieten? So entstand das Hofspektakel. Wir fingen 2009 mit sieben Ständen an. Immer am letzten Wochenende im Juni. Unser Gedanke war, den ganzen Ort und die Umgebung einzubeziehen. So wandten wir uns an den örtlichen Verkehrsverein, an heimische Erzeuger und lokale Produzenten. Wir wollten alle einbeziehen. Dies klappte beim ersten Hofspektakel mit einigen Ständen. Es gab Aussteller mit handwerklichen Erzeugnissen und lokalen Spezialitäten. Aber schon bald zogen sich die einheimischen Anbieter zurück und auch die Repräsentanten von Filsum wollten diese Plattform nicht mehr nutzen, um ihr Dorf bzw. die Region allen Interessierten zu präsentieren. Dies sollte aber den Erfolg der nachfolgenden Hofspektakel nicht schmälern, wenn wir auch

Der Umbau der Außenanlagen schreitet voran

traurig über diese Entwicklung waren. Die Veranstaltung wuchs von Jahr zu Jahr. Immer mehr Stände und Aussteller bevölkerten den Festplatz am Hof, der befestigt und mit den notwendigen Strom-, Wasser- und Abflussanschlüssen versehen wurde.

An zwei Tagen kommen jährlich viele Besucher auf den Hankenhof. Nicht immer spielte das Wetter mit, so war Tammes letztes Hofspektakel z. B, eine ziemlich verregnete Angelegenheit, was aber der Stimmung und dem Andrang keinen Abbruch tat.

Bei all den Aktivitäten, die wir nun zu bewältigen hatten, musste eine andere Organisation her, Kräfte mussten gebündelt und Ressourcen anders verteilt werden. Wir entschieden uns, Sammelstellen für die Behandlungstage in Deutschland einzurichten. Bis dahin war es so, dass Tamme einzelne Reitanlagen, Höfe oder andere Behandlungsorte abfuhr und dort einige Tiere behandelte. Denn es sprach sich zumeist schnell herum, dass der Knochenbrecher kommen würde und viele fragten an, ob sie bei dem Termin nicht auch dabei sein könnten. Dann ging es weiter zum nächsten Hof oder der nächsten Reitanlage. Aber dies kostete nicht nur unwahrscheinlich viel Zeit, sondern auch sehr viel Kraft.

So bündelten wir nun die Behandlungstage in der Regel auf einige Orte und Tage. Es wurden Sammelstellen in Illertissen, Reichshof, Rostock, Gengenbach und anderen Orten eingerichtet. Bei befreundeten Pferdemenschen wurden also nun an drei oder vier Tagen Hunde und Pferde behandelt. Man konnte sich vorher anmelden und dann wurde der Schar der Hilfesuchenden mit Tat und Rat zur Seite gestanden. Dies ersparte Tamme sehr viele Kilometer im Auto, kreuz und quer durch die Republik. Jede einzelne Sammelstelle könnte wohl ein ganzes Buch mit eigenen Geschichten füllen. Zu viel passierte an Kuriosem oder auch Erstaunlichem während dieser Zeit.

Dagmar Wöhr von der Sammelstelle Illertissen, wo ich auch heute noch regelmäßig Kurse veranstalte und so etwas wie eine treue Stammkundschaft habe, erzählte mir bei unseren Treffen natürlich auch viele Geschichten, die sie mit Tamme bei den Behandlungstagen erleben durfte. Alle wiederzugeben, würde natürlich den Rahmen sprengen, aber manche sind mir im Gedächtnis geblieben. So wurde Tamme bei einem Behandlungstag ein Ponyverschnitt vorgeführt, für das die Besitzer schon fast 8000 Euro an Behandlungskosten investiert hatten, da das arme Tier an den Vorderbeinen lahmte bzw. vorne links nicht mehr sauber lief. Tamme ließ sich das Tier vorführen und sagte dann nur zu den Besitzern:

„Das ganze schöne Geld hättet ihr aber mal getrost sparen können. Das Tier hat nichts vorne links am Bein, sondern vorne rechts."

Das hatte aber niemand gesehen, sondern nur, dass es durch die Überlastung der Schonhaltung vorne links lahmte. Und so war es dann auch, Tamme behandelte das Tier vorne rechts und eine deutliche Besserung trat ein. Dagmar war aber auch immer froh, wenn Tamme nach einigen Behandlungstagen wieder abfuhr. Sie gibt zu, dass er sehr einnehmend war und den ganzen Betrieb auch furchtbar durcheinanderbringen

Jumper ist der Star
des Hofspektakels

Jumpers Sohn J.R.

Jumper hat sich eine
Belohnung verdient

konnte. Sie zwingt mich heute noch immer, mehr zu schlafen, als es bei mir sonst üblich ist, und so sind die Aufenthalte dort für mich, trotz der Arbeit, so etwas wie kleine Urlaube. Vor allem auch deshalb, weil man von tollen Menschen umgeben ist, die ich mittlerweile viele Jahre kenne. Und man lernt natürlich auch wieder neue Leute kennen, wie z. B. Thomas Riedl und Jan Janssen, die zu tollen Freunden wurden.

Mit vielen Betreibern der Sammelstellen entwickelten sich ebenfalls Freundschaften. Dabei erstaunte es mich immer, wie wichtig Tamme diese Freundschaften waren und wie sehr er diese, trotz seiner knappen Zeit, pflegte. Ob es Jan Janssen oder Thomas Riedl oder viele andere waren, viele berichten, dass Tamme immer bemüht war, den Kontakt aufrechtzuerhalten, indem er sich zumindest telefonisch regelmäßig alle paar Tage meldete. Sie berichten weiter, dass es da diese besondere Form der Verbundenheit gab. Fast so etwas wie Telepathie oder eine besonders starke Empathie. Sowohl Jan als auch Thomas erzählen unabhängig voneinander, dass es oft vorkam, dass sie gerade an Tamme dachten und schon klingelte das Telefon und er rief an. Thomas Riedl hat mir sogar von Begebenheiten berichtet, in denen beide, also Tamme und er, gleichzeitig von denselben Krankheiten oder Wehwehchen geplagt wurden. „Oh, du hast auch Blutdruck?", oder: „Da hat dich also auch eine Erkältung erwischt!", und einiges mehr. Bei Thomas Riedl in Bad Reichenhall verbrachten wir immer wieder Kurzurlaube in dessen Gaststätte „Wieninger Schwabenbräu". Es erstaunte zwar nicht, dass Tamme die Gastfreundschaft, das gute Essen und natürlich auch die Getränke genießen konnte. Aber nach wenigen Tagen wollte er doch wieder weiter. Ihm, und auch mir, fehlte die Weite, den Blick schweifen lassen zu können und der Geruch des nahen Meeres. Dennoch: wir waren immer froh, dort zu sein und kurz Luft holen zu können, bei Menschen aufgehoben zu sein, die anders und uns doch so sehr vertraut waren. Thomas und Tamme erlebten natürlich immer mal wieder einiges zusammen, wenn Tamme allein in Süddeutschland auf Reisen unterwegs war. Geschichten, die vielleicht nicht alle für meine Ohren bestimmt waren, aber an eine erinnere ich mich besonders:

2014, Püppi und Fohlen

Tamme hatte die liebe Angewohnheit, mir meist eine Kleinigkeit mitzubringen, wenn er länger unterwegs war. So sagte er wohl auch eines Tages zu Thomas mal wieder: „Ich brauch noch etwas für meine Cürti. Lass uns doch mal in einen Dirndlshop gehen, das müsste ihr doch eigentlich auch gut stehen." Nun ja, an Dirndlshops sollte es in Bad Reichenhall nicht scheitern. Aber, wie Thomas weiter berichtete, gestaltete sich die Frage der Verkäuferin nach der Kleidergröße der Gattin als gewisse Schwierigkeit. Ich glaube, darin unterschied sich Tamme nicht wesentlich von vielen anderen Männern. Vielleicht dann aber doch in der Lösung dieses Problems. Wenn Thomas die Geschichte erzählt, beginnt er spätestens hier zu lächeln: Tamme sieht sich also im Laden um, geht zielstrebig auf eine Kundin zu, bleibt vor ihr stehen, mustert sie, ihre Größe und ihr Dekolleté und fragt sie dann: „Darf ich mal kurz Maß nehmen und anfassen, ich glaub nämlich, sie haben dieselbe Größe wie meine Frau und ich möchte das überprüfen." Und er hat sehr gut Maß genommen: er brachte mir ein wunderschönes Dirndl mit, mit allem Zubehör – und es passte wie maßgeschneidert.

Kapitel 5

Auf in die weite Welt

Tammes Medienpräsenz verstärkte sich immer mehr. Der NDR produzierte eine erfolgreiche Sendung nach der anderen, Tamme wurde regelmäßig zu Talk-Shows eingeladen und die Reportagen in Zeitungen und Zeitschriften wurden immer unüberschaubarer. Bei einer weiteren Einladung von Johannes B. Kerner ließ es sich Tamme nicht nehmen, ihm in der Sendung einen grünen Hut zu überreichen – in Ostfriesland ein Symbol für einen erfolgreichen Kuppler. Schließlich wären wir ohne Herrn Kerner vermutlich niemals zusammengekommen.

Natürlich gab es, bei all dem Wohlwollen, das ihm von sehr vielen Menschen entgegengebracht wurde, auch kritische Stimmen. Tamme konnte es nicht jedem Recht machen und das war auch nicht sein Anliegen. Gerade die Kritik von Physiotherapeuten oder Tierärzten nahm er zwar ernst und speicherte sie auch, es ärgerte ihn aber zumeist, dass ihn Leute beurteilten, die ihn nicht kannten, noch nie hatten arbeiten sehen oder sich nur auf seine Kosten bemerkbar machen wollten. Und der Erfolg gab ihm Recht. Wäre seine Arbeit nicht so erfolgreich gewesen, hätte er nicht 30 Jahre als Knochenbrecher arbeiten können – stets unter dem wachsamen Auge einer stetig wachsenden Öffentlichkeit. Für konstruktive Kritik war Tamme jederzeit offen! Seine Klienten bildeten in erster Linie Stammkunden sowie Menschen mit Tieren, die oft bereits eine Odyssee an Behandlungen hinter sich hatten und als austherapiert galten. Tamme ging unbeirrt seinen Weg.

Tamme und
lehrling Anton

Schon sehr früh hatte er seinen ersten „Lehrling" eingestellt, obwohl das Knochenbrechen natürlich kein normaler Ausbildungsberuf ist, der mit einer Prüfung bei einer Innung oder der IHK endet. Tamme wollte sein Wissen weitergeben und wenn er es schon nicht an eigene Kinder vererben konnte, so wollte er doch wenigstens seine erprobten und bewährten Behandlungsmethoden lehren. Die „Gabe" hat man oder man hat sie nicht. Das lässt sich nicht erlernen!

Sein erster Lehrling kam kurioserweise nicht aus Ostfriesland, sondern aus Australien. Bill Sergant arbeitete seit seiner Ankunft in Deutschland als Western-Reit-Trainer im Sauerland und in der Nähe von Köln. Tamme hat er über die Pferdeszene kennengelernt und war so fasziniert von ihm, dass er gerne bei und mit ihm arbeiten wollte. So rief er ihn eines Tages einfach an und fragte, ob er vorbeikommen dürfe, um Tamme bei der Arbeit zu beobachten. Dies geschah dann auch an einem Montag Ende 1999. Bill war so beeindruckt von Tammes Arbeit, dass er ihn fragte, ob er ihn unterrichten könne. Tammes Antwort: „Nein". Aber davon ließ Bill sich nicht abschrecken. Er schlief eine Nacht darüber und stand am anderen Morgen wieder vor Tamme. „Falls ich nicht in Deutschland als Pferde-Chiropraktiker arbeite, sondern wieder nach Australien zurückkehre, wenn ich genügend gelernt habe – unterrichtest du mich dann?" Tamme willigte ein und so verbrachte Bill neun Monate in Filsum. Für Tamme war er immer sein talentiertester Lehrling. Bill arbeitete lange Zeit als Chiropraktiker. Als er älter wurde, schränkte er diese Tätigkeit ein und widmete sich anderen Projekten. Wir haben ihn bei unserem Australiendreh für Kabel 1 noch einmal getroffen, und es war sehr bewegend, dass Tamme und er sich nach all der Zeit noch so gut verstanden haben. Auf Bill folgte von 2010 bis 2012 Martijn, der auch in verschiedenen Produktionen des NDR an Tammes Seite zu sehen war. Manchmal ist es aber so, dass sich die Dinge anders entwickeln als gedacht und dass das Vertrauen, das man einem Menschen entgegenbringt, leider nicht in demselben Maße zurückgegeben wird. Martijn brach nach zwei Jahren von heute auf morgen die Ausbildung ab. Ich kenne den Grund bis heute nicht. Diese Enttäuschung hat Tamme nie vergessen. Aus diesen und anderen Gründen gibt es zu Martijn heute

Wiedersehen mit Bill

Bill und Sandra Sergant

Reifenpanne in der Camargue

keinen Kontakt. Dann kam Fabian. Er war nur kurz bei uns. Als gelernter Sattler schien er gut in das Team zu passen, aber es stellte sich leider heraus, dass sein Respekt bzw. seine Angst vor Pferden zu groß war, um erfolgreich mit Tamme zu arbeiten. Er hatte immer die Befürchtung, er könne sich bei den Behandlungen verletzen. Das machte keinen Sinn. Fabian arbeitet heute sehr erfolgreich als selbstständiger Sattler. Anton, der gelernte Mechatroniker, kam 2015 zu uns. Er ist dem Publikum von den vielen Reisen mit Tamme bekannt.

Im Jahr 2014 wagte sich Tamme mit einem eigenen Programm auf die Bühne. Er spielte hauptsächlich in Norddeutschland, aber auch bundesweit. Er hatte eine unterhaltsame Bühnenshow entwickelt, mit Geschichten rund um die Pferdehaltung und -behandlung.

Aber die Arbeit mit Tieren, die Hilfe für Tiere, das war seine Welt, sein Leben.

Darum entschloss er sich, hier sein Wissen und Können weiterhin gezielt einzusetzen. Das Erfreulichste war in diesem Zusammenhang der Beginn der Zusammenarbeit mit André Schubert, der zusammen mit den Kollegen von Dreiwerk TV später die Sendungen für den NDR und Kabel 1 produzieren sollte. André versuchte, das Bühnenprogramm für Tamme zu schreiben. „Versuchte", weil dies – ähnlich den Drehplänen – eine Arbeit war, die von vornherein zum Scheitern verurteilt war. Tamme hielt nicht viel von Plänen, die andere ihm vorgaben und die er befolgen sollte, und genauso verhielt es sich auch mit diesem Programm. Wenn es ihm passte, erzählte er halt eine Geschichte. Ob sie nun in der Dramaturgie vorgesehen war oder nicht. André Schubert kämpfte immer wieder um einen roten Faden, aber meist vergebens.

Kennengelernt hatten sich die Beiden bei einem Dreh für die RTL-Show „Stars bei der Arbeit", bei welcher Paul Panzer seine Gäste – in diesem Fall Oliver Geissen – vor besondere Aufgaben stellte und sie „artfremde"

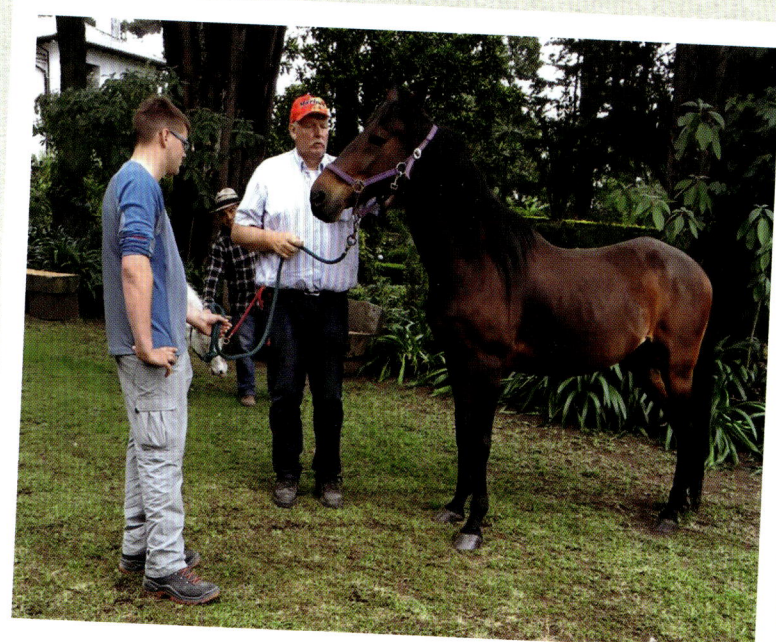

Tamme behandelt Paquito in der
italienischen Botschaft in Ecuador

Tamme, Regisseur André
und Anton

Arbeiten erledigen ließ. Oliver Geissen hatte das besondere Vergnügen, den Tag mit Tamme und uns verbringen zu dürfen. Tamme hatte aber mal wieder den Schalk im Nacken und keinen Respekt vor Namen und Berühmtheiten. Er hatte sich dazu etwas Besonderes einfallen lassen: Oliver Geissen sollte bei einer Kastration assistieren. Tammes Plan war, Oliver die Hoden in die Hand zu drücken und zu sehen, wie Oliver in Ohnmacht fiele bzw. sich übergeben würde. Dieser tat ihm den Gefallen aber nicht und hielt sich ziemlich tapfer.

Tamme verstand sich auf Anhieb blendend mit André Schubert und als der erfahrene TV-Autor sich mit dem Filmproduzenten Thomas Schmidt und der Managementberaterin Stefanie Sauer selbstständig machte und die TV-Produktionsfirma Dreiwerk TV gründete, wollte Tamme enger mit dem Team zusammenarbeiten. Es wurde eine neue Doku-Reihe für Kabel 1 entwickelt mit dem Namen „Tamme Hanken – Der Knochenbrecher on Tour". Daraus entwickelte sich, wie schon beim NDR, ein richtiger Quotenhit für den Sender. Tamme wurde eines der besten Pferde im Kabel-1-Stall. Dementsprechend war auch sein Auftreten Vertretern des Senders gegenüber: nie unhöflich, aber doch bestimmt. Letztlich wurden in zwei Jahren der Zusammenarbeit Folgen in Kalifornien, auf Mallorca, in Österreich, Frankreich, Florida, der Karibik, Wales, Ecuador, Australien und der Mongolei produziert. Manchmal hatte ich das Gefühl, das Produktionsteam würde mehr Zeit mit Tamme verbringen als ich. Die Schlagzahl in den letzten drei Jahren war dementsprechend hoch. NDR-Drehs, Kabel-1-Drehs, Kummertage, Interviews, und, und, und …

Tamme hatte immer neue Visionen,
wollte immer noch mehr.

Er sah sich auch bereits eine Partei gründen, welche die Interessen der Landwirte vehementer vertreten und die lokalen Belange mehr in den Vordergrund stellen sollte. Er sah sich zwar nicht als Bundeskanzler, aber er wollte formen und anregen. Die Pferdezucht sollte natürlich noch weiter ausgebaut und um das eine oder andere Tier ergänzt wer-

Wie die „drei Affen":
Tamme, Produzent
Thomas und
Regisseur André

André zu Besuch
auf dem Hankenhof

den. Nicht zu vergessen, dass auch die Gestaltung des Hankenhofes noch lange nicht abgeschlossen war und sich irgendwo bestimmt noch Platz für seine geliebten Rhododendren finden würde. Nachdem es sogar eine Züchtung gab, die unser Freund Volker Hobbie vom Rhododendronpark Hobbie in Westerstede nach ihm benannt hatte, schien die Begeisterung noch einmal gestiegen zu sein. Die Entwicklung weiterer gesunder Nahrungsmittelzusätze für Tierfutter und die Kreation eines eigenen Hundefutter-Sortiments standen auf dem Plan. Dann gab es noch den schon erwähnten Plan für ein Projekt mit Horst Lichter und auch weitere Fernsehformate waren angedacht. Ein neues Buch würde bestimmt ebenfalls notwendig sein und der Ausbau des Web-Shops war wichtig.

Manchmal passte das Leben sogar zu seinen Visionen und spielte ihm quasi in die Hand. Wie bei der Realisierung seines Traums von einer eigenen Rinderherde. Tamme war der Meinung, dass zu einem Hof auch Rinder gehörten, um sich mit gesundem Fleisch versorgen zu können. Mit Fleisch, von dem man wusste, woher es kam, von artgerecht gehaltenen und geschlachteten Tieren. Wir informierten uns eingehend über geeignete Rassen und fassten Angus- und später Welsh-Black-Rinder ins Auge. Wir entschieden uns schließlich, auch aufgrund der Erfahrungen unseres Freundes Herrmann Maack – dem Mann, dem die Bullen besonders gut zuhören – für die Welsh-Black-Rinder. Gut, dass später sowieso ein Auslandsdreh für Kabel 1 anstand, der auf Tammes Wunsch dann in Wales realisiert wurde. In Wales haben wir uns dann mit Freunden und Kennern der Rasse Welsh-Black – u. a. Dr. Janssen aus Westerstede, dem größten Züchter in Deutschland – getroffen und Tamme konnte hier noch zwei Kühe für die Zucht kaufen. Nach Wales und auf dem direkt anschließenden Trip nach Australien, was mein besonderer Wunsch war, begleitete ich Tamme und das Team bei den Dreharbeiten und konnte so hautnah und vor Ort miterleben, wie viel Arbeit in einer solchen Sendung steckte, mit welchen Hindernissen man zu kämpfen hatte (wobei Tamme manchmal eines dieser Hindernisse war) und wie viel Kraft die Dreharbeiten alle Beteiligten kosteten – Tamme vielleicht noch am allerwenigsten.

Tamme liebte
Rhododendren

Im Vorfeld eines solchen Drehs recherchierte ein Stab erfahrener Redakteure und Redakteurinnen lohnenswerte Drehorte und spannende Menschen und Tiere. Absprachen mussten getroffen werden, Zeitpläne erstellt, Hotels oder andere Übernachtungsmöglichkeiten gesucht, ein Scout, der oder die sowohl Deutsch als auch die Landessprache perfekt beherrschte und sich im Land auskannte, musste gefunden und vieles mehr musste erledigt werden, wie z. B. Drehgenehmigungen und Zollformalitäten. Dies lief natürlich nicht immer reibungslos. So ist der Mallorca-Dreh nur zustande gekommen, weil die ecuadorianischen Zollbehörden sich drei Tage vor Abflug entschieden, keine Einfuhrgenehmigungen für das Equipment zu erteilen. Die Termine waren aber geblockt und der Sender wartete auf eine weitere Folge. So musste innerhalb von drei Tagen eine vollständig neue Sendung konzipiert werden. Schwierigkeiten, mit denen gar nicht zu rechnen war, gab es auch an anderen Orten bzw. mit Darstellern. Auf Tammes besonderen Wunsch wurden TV-Aufnahmen in der Mongolei organisiert. Schwierig genug, dort eine passende Unterkunft zu finden – letztlich kam nur ein Hotel in der Hauptstadt Ulaanbaatar in Frage – was sich aber als katastrophal herausstellte. Tamme konnte die mongolischen Pferde zuerst nicht behandeln. Diese kennen kein Beschlagen der Hufe und lassen sich somit auch so gut wie gar nicht an den Hufen bzw. Beinen anfassen, ohne heftigst auszuschlagen. Tamme weigerte sich zunächst, die Tiere zu behandeln, das war selbst ihm zu gefährlich. Nach zwei schwierigen Drehtagen wurde versucht, einen alternativen Drehort zu finden. Russland hätte sich vielleicht angeboten, Island sollte es schließlich alternativ werden. Tamme war es egal, ob und wie es machbar war. Einfach machen! Zum Glück für das gesamte Team war sein Ehrgeiz dann aber doch so groß, dass er eine Methode entwickelte, die mongolischen Tiere doch noch zu behandeln. Er nahm die Beine der Tiere so in den Griff, dass Blockaden entstanden, die sie an einem Ausschlagen hinderten, aber die Behandlung nicht beeinträchtigten.

Welche Tiere Tamme sich aber strikt zu behandeln weigerte, waren erstaunlicherweise Zebras und Esel. Man könnte denken, diese seien dem Pferd doch recht verwandt und da sollte es kein Problem darstellen.

Das letzte
Jurtenmahl

In Wales mit Guide Allison

Thomas zieht Tamme und
Peter durch die Mongolei

Ritter Tamme

Tamme in einer Drehpause

Ein Nickerchen in besten Händen

Tamme erklärte, die Schwierigkeit bei der Behandlung läge darin, dass diese Tiere – im Gegensatz zum Pferd – zu allen Seiten ausschlagen können. Beim Pferd ist die Richtung vorhersehbar bzw. aufgrund der anatomischen Voraussetzungen vorgegeben, nämlich nach hinten. Aber Zebras und Esel können auch seitlich ausschlagen, sodass sie vollkommen unberechenbar sind.

War die Quartiersuche in Europa und Amerika noch relativ einfach, so gestaltete sie sich für andere Orte schon schwieriger. Tamme maß 2,06 Meter und passte in keine Standardbetten. Auch musste es entsprechende Fahrzeuge vor Ort geben, die ihn mit seiner Körpergröße sicher und bequem aufnehmen konnten. Ich habe viel in Gesprächen mit den Redakteuren des NDRs und dem Team von Dreiwerk TV über die Arbeit für das Fernsehen erfahren und kann nur sagen, dass vieles, was auf dem Bildschirm leicht und locker aussieht, oftmals das Produkt harter und schwieriger Arbeit ist.

Aber ich erlebte es ja selbst auf den Reisen nach Wales und Australien. Getroffen haben wir in Wales unsere Freunde Dr. Janssen und Martin Seidel von Bayern-Genetik. In Wales empfingen uns Temperaturen von knapp einem Grad, Schneeregen – und der weibliche Scout Alison. Sie wurde von Tamme als allererstes darüber aufgeklärt, dass Großbritannien sozusagen ein Teil Ostfrieslands gewesen sei. Die Landmasse sei früher zusammengehörig gewesen, Großbritannien dann aber einfach abgebrochen. Dies machte er daran fest, dass viele Worte dem ostfriesischen Platt sehr ähnlich seien. Vielleicht nicht der allerbeste Einstieg für eine wunderbare Freundschaft mit einer stark patriotischen Waliserin.

Aber Tamme nahm nie ein Blatt vor dem Mund.

Auch in Wales war eine muttersprachliche Begleitung mehr als notwendig. Ich möchte mich nicht als Fremdsprachentalent bezeichnen, vieles ist leider sehr eingeschlafen, aber Tamme entwickelte in jedem Land seine eigene Sprache, das „Tammlisch". Zumeist eine Mischung aus Englisch, Deutsch und der jeweiligen Landessprache. Aber irgendwie klappte die Verständigung. Und ihm war es vollständig egal, ob er nun etwas korrekt aussprach oder nicht, man würde ihn schon verstehen, was auch in vielen Fällen zutraf. Nur für das Filmteam stellte dies eine besondere Herausforderung dar. Man hatte sich eigentlich geeinigt, dass Tamme beim Dreh auf Deutsch fragen und sprechen und der jeweilige Gesprächspartner in der Landessprache antworten und dann fürs Fernsehen übersetzt werden sollte. Nur leider hielt sich Tamme viel zu selten an diese Absprache und antwortet auf Englisch bzw. „Tammlisch". Dies hatte natürlich zur Folge, dass keiner mehr genau wusste, wer nun eigentlich was gesagt hatte. Ähnlich verhielt es sich oft bei den Kummertagen, bei denen er gerne mit Einheimischen oder Niederländern Plattdeutsch sprach. Man hatte ihm sehr, sehr häufig gesagt, dass kein Zuschauer außerhalb dieses Sprachraumes ihn verstehen würde, aber das hat ihn überhaupt nicht interessiert.

In Wales marschierten wir eine knappe Woche durch morastige Wiesen und schlammige Felder zu einzelnen Züchtern und schauten nach den perfekten Tieren für unsere Zucht. Es hatte sich natürlich herumgesprochen, dass der Knochenbrecher da sei und so gab es auch genügend Behandlungstermine für Tamme rund um unsere Kuhsuche. Tamme war auf der Reise nur darauf fokussiert, die perfekten Tiere zu ergattern. Mir machte es natürlich nichts aus, im Wind, Regen und bei Kälte mit den Männern durch die walisische Landschaft zu wandern. Das Leben mit Tieren und auf einem Hof härtet ab. Es gibt kein schlechtes Wetter. Doch das Filmteam hatte bei diesem Trip eindeutig das Nachsehen. Bilder im Sonnenschein sind natürlich attraktiver als das typische englische Wetter und Tamme zog bei diesem Dreh extrem sein eigenes Programm durch und es interessierte ihn nur am Rande, schöne und interessante Bilder zu bekommen. Mir fiel die Aufgabe zu, für Fahrtbilder zu sorgen. Man ließ Tamme nicht im Linksverkehr fahren. Auch für mich war es ungewohnt, aber ich stellte mich dann irgendwann auf die Situation ein und machte das Beste draus. Tamme verzichtete in den letzten Jahren immer mehr darauf, selbst zu fahren. Zumeist übernahm Anton diese Aufgabe und bei Drehs häufig Mitarbeiter des Filmteams. Tamme hatte es zur Perfektion getrieben, im Auto zu schlafen. Im Flieger verhielt es sich ähnlich. Es dauerte maximal einige Minuten, bis er auf dem Beifahrersitz in aufrechter Stellung in Schlaf versank. Es geschah oft, dass er eine Geschichte anfing, einschlief, aufwachte und die Geschichte exakt dort weitererzählte, wo er sie abgebrochen hatte. Wenn er mit Anton unterwegs war, wurde er in dem Augenblick wach, als Anton dann genug von Ernst Mosch oder den Eggerländern hatte und seine Musik spielte. Bei Tamme wurde auch jedes Fahrzeug automatisch zum Raucherfahrzeug, schließlich wollte man ja etwas von ihm und da hieß es nach seinen Regeln zu spielen.

Auf den Bildern aus Wales und Australien sieht man auch schon einen etwas schlankeren Tamme. War er in frühen Jahren keine grazile

... nach erfolgreicher Stoffwechselkur

Rank und schlank ...

Erscheinung gewesen, so wurde sein Gewicht nach und nach für ihn selbst zum Problem. Er verrichtete körperlich schwere Arbeit mit dem Einrenken der Tiere. Etwas, das so leicht aussah, war natürlich nicht leicht. Vielmehr musste man neben dem entsprechenden Feingefühl auch Kraft aufwenden. Und ich weiß nicht, wie viele Tiere Tamme in seinem Leben behandelt hat, wohl eine unüberschaubare Zahl. Tamme und ich beschlossen also, etwas für uns zu tun. Tamme begann, unter ärztlicher Aufsicht sein Gewicht zu reduzieren. So gelang es ihm, innerhalb eines Jahres fast 100 kg zu verlieren. Laufen und Atmen fielen ihm damit natürlich wesentlich leichter. Das Laufen stellte für Tamme sowieso ein Problem dar. Bei der Arbeit mit Pferden bleiben die einen oder anderen Verletzungen nicht aus. Man kann noch so versiert oder erfahren sein, manchen Tritten, Bissen oder auch der einen oder anderen liebgemeinten Annäherung der Tiere kann man nicht aus dem Weg gehen. Die Brüche in den Zehen, die er nicht behandeln ließ, wurden eines Tages zum Problem. Da durch einen weiteren, noch länger zurückliegenden Arbeitsunfall ein starkes Taubheitsgefühl in diesem Fuß vorherrschte, hatte er nicht bemerkt, dass er einen ganzen Tag mit einem Stein im Schuh gelaufen war. Dadurch entstand eine Wunde an dem Fuß mit den Trümmerbrüchen. Diese Wunde wurde zum großen Problem. Es kam soweit, dass man ihm aus dem Fuß die Knochen operativ entfernen musste. Davon erholte er sich aber sehr gut – auch wenn er als Patient natürlich nicht immer pflegeleicht war. Seinen Blutdruck stellte man ein – mehr oder weniger gut – und er selbst nahm sich seinerseits immer mehr in Acht, aber er arbeitete viel.

Tamme kokettierte gerne mit seinem Image als „Kerl wie ein Baum", dem nichts etwas anhaben und der alles wegstecken konnte.

Bei der RTL-Sendung „Jenke – ich bleibe über Nacht" erzählte Tamme, wie in seinem Buch, dass er mit Freunden auf Partys schon mal gemeinsam zwei Flaschen Schnaps leerte. Wie viele Menschen feierte

Tamme brauchte
keinen Schutz ...

... er hatte ja seine Zigarren

Drehpause in den USA

Tamme ganz gerne in jüngeren Jahren und auch als ich ihn kennenlernte, wurde manchmal das eine oder andere Glas genossen. Aber dies nahm mit der Zeit immer mehr ab, ohne dass Tamme es nach außen hin sichtbar machte. Da war er noch immer der typisch raue, unverwüstliche Kerl, für jeden Spaß zu haben. Wenn er mit mir allein zuhause war, gab es vielleicht mal ein Glas Wein oder ein Radler, mehr aber auch nicht. Genauso verhielt es sich in den letzten Jahren auch auf seinen Reisen und bei vielen anderen Aktivitäten. Das Rauchen ließ er sich nicht nehmen, allerdings nur Zigarren, die er im Auto auf langen Fahrten rauchte. Das gehörte zu ihm und das genoss er auch. Viele bemerkten in den letzten Jahren ein Nachlassen seiner Kräfte. Man muss sich immer vor Augen halten, was für ein Pensum er in den letzten Jahren zu leisten hatte – sich selbst auferlegte. Für Kabel 1 flog er innerhalb von zwei Jahren fast zweimal um den Globus. Und dies unter teilweise extremen klimatischen Bedingungen, wie auf 4000 Metern Höhe in Ecuador z.B. oder in der Hitze Australiens. War da die körperlich schwere Arbeit mit den Tieren, dann kam noch die mentale Energiearbeit (so würde ich es beschreiben) hinzu. Wer seine Behandlung des Pferdes Paquito in Ecuador gesehen hat, wird wissen, was gemeint ist. Tamme behandelte dieses alte, fast schon abgeschriebene Tier auch dadurch, dass er Energie von sich auf das Tier übertrug. Fast eine halbe Stunde war er in engster Verbindung mit dem Pferd und musste nach seiner Behandlung vor Erschöpfung eine lange Pause einlegen. Diese Arbeit kostete viel Kraft. Kraft, die nicht sichtbar ist, die aber mit der Lebensenergie zusammenhängt und an dem ganzen Menschen zehrt. Ich glaube, dies wird oftmals unterschätzt. Natürlich war dies nicht auf die Arbeit im Ausland beschränkt, sondern verstärkt bei den Kummertagen gefragt, an denen er oftmals viel mehr Tiere behandelte als bei den TV-Aufnahmen. Geistige Arbeit hat oft nicht denselben Stellenwert, sie ist nicht in Bildern darstellbar, sie kann nicht direkt mess- oder fühlbar gemacht werden. Sie ist da und dann doch wieder nicht.

Einige Wochen vor seinem Tod bekam Tamme einen Herzschrittmacher eingesetzt, eine Routineoperation, die ihn stabilisierte und ihm mehr Lebensqualität gab. Nichts, bei dem man sich hätte Sorgen machen müs-

Besuch des Uluru

sen, ganz im Gegenteil, die Ärzte versprachen, dass er besser dastehen würde als vor dieser Operation.

Vielleicht war es die Summe dieser ganzen kleinen oder etwas größeren Dinge, die zu seinem leider viel zu frühen Ableben beitrugen. Ich weiß es nicht. Vielleicht war es aber auch so in seinem Lebensplan angelegt, dass seine Lebensenergie begrenzt war.

Aber zurück zu unseren Reisen. Vor dem Abflug von Wales nach Australien verbrachten wir noch eine Nacht in London und ich erinnere mich daran, dass nicht wenige Leute bei unserer Ankunft im Hotel die Nase rümpften. Wir hatten wohl das komplette walisische Landleben mitgebracht. Von der Extrarechnung für die Reinigung der gemieteten Fahrzeuge, die voller Kuhdung waren, mal ganz abgesehen.

Am anderen Tag flogen wir also um den halben Erdball, um in Australien in sengender Hitze zu landen. Größer hätte der Unterschied nicht sein können. Wir waren bei diesem Trip von London über Frankfurt und Dubai nach Brisbane insgesamt 31 Stunden unterwegs. Das Fliegen sollte uns auf dem Kontinent nicht loslassen. Bei unserem 19-tägigen Aufenthalt absolvierten wir insgesamt weitere elf Flüge. Beim Fahren mussten wir uns ja nicht umstellen, aber manche Sachen waren einfach zu bedenken: In Australien gibt es genügend Tiere, die tödlich sind, d.h. einfach mal austreten zum Wasserlassen war nicht möglich. Überall konnten gifte Schlangen oder andere Gefahren lauern. Dies galt es erst einmal zu realisieren, besonders nach einem solchen Flug, denn Zeit zum Ausruhen gab es nicht, es wurde sofort gedreht. Ich erinnere mich, dass wir neben der klimatischen Umstellung am allermeisten mit einem fürchterlichen Jetlag zu kämpfen hatten. Irgendwann wusste der Körper nicht mehr, ist jetzt Mittag, Abend oder doch schon Morgen. Der Tonmann Lenin ist dann irgendwann einfach mit einem Becher Wasser in der Hand neben mir im Wagen eingeschlafen.
Und es ging sofort weiter auf einen Dreistundenflug zu einer Krokodilfarm. Tamme hatte ja schon auf seiner Reise nach Florida Bekanntschaft mit Alligatoren gemacht und war somit quasi Fachmann für Krokodile. Angst kannte er nicht. Ich höre jetzt noch das Geräusch, wenn die Tiere, einfach mit einem Biss einen Schweinekopf, mit denen sie bevorzugt gefüttert wurden, zwischen ihren Kiefern zerquetschten. Dies erzeugte augenblicklich eine Menge Respekt. Aber man hatte uns versichert, dass wir sicher seien, da jeder Teilnehmer einen Guard zur Seite gestellt bekam. Die Waffen, die die Männer als Vorsichtsmaßnahme dabei hatten, entpuppten sich als drei Meter lange Stöcke. Mehr nicht. Als wir zu den Tieren geführt wurden, sahen wir zuerst nicht mehr als einen ruhigen Tümpel. Keine zehn Sekunden später aber, nachdem der Farmbesitzer Rob die Oberfläche nur leicht mit seinem Stock berührt hatte, kam es zu einer Explosion der Oberfläche und ein fünf Meter großes Krokodil sprang uns entgegen. Ich gebe zu,

mir wurde etwas mulmig. Tamme eher nicht. Er erklärte sich bereit, bei der Vermessung des Tieres zu helfen und sich mit dem Maßband an das Schwanzende des Reptils zu stellen.

> **Tamme hatte keine Angst vor Tieren –**
> **Respekt ja, aber keine Angst.**

Aber dass auch dies nicht immer vor Gefahren schützt, mussten wir zwei Monate nach unserer Ankunft in Deutschland erfahren, als uns berichtet wurde, dass Rob von einem der Tiere schwer verletzt worden war. Ich fühlte mich mit den Koalas, die wir im Anschluss an die Krokodile besuchten, eindeutig wohler.

Und natürlich, wo wir doch schon mal ganz in der Nähe waren, haben wir auch die Umgebung des Dschungelcamps besucht. Eine wunderschöne Gegend in der Nähe von Surfers Paradise. Nicht, dass Tamme oder ich jemals Interesse an einer Teilnahme im Dschungelcamp gehabt hätten, aber die Neugierde war doch da. Zudem ja mit dem „dicken" Klaus von dem ostfriesischen Duo Klaus & Klaus sozusagen ein Nachbar Tammes schon das Vergnügen hatte. Tammes einziger Kommentar zu dieser Geschichte war dann auch nur: „So pleite kann kein Ostfriese sein, dass er da teilnehmen muss." Also können Sie davon ausgehen, mich niemals im Dschungelcamp zu sehen.

Auch auf diesem Trip konnte ich gut miterleben, wie der Dreh mit und von Tammes Launen und – sagen wir es mal so – „Ideen" lebte. Wir besuchten den Lastruper Pferdezüchter Ulrich Klatte, der in Australien lebt, machten dort schöne Aufnahmen von Pferden, die von Tamme behandelt wurden – mit teilweise langjährigen Problemen und Tammes Analyse, die wie so oft z. T. völlig anders war, als die der behandelnden Tierärzte. Nach unserer Rückkehr nach Deutschland erhielten wir einen Anruf von Ulrich Klatte und ein großes Dankeschön, weil alle behandelten Pferde wieder erfolgreich auf Turnieren unterwegs seien.

Wir versuchten so gut es eben ging, der australischen Sonne zu ent-
gehen. Selten habe ich die Sonne als so brennend und stechend empfunden. Ein Aufenthalt draußen ohne Kopfbedeckung war schier unmöglich. Tamme hatte, wie bei vielen seiner „Einkäufe", auch mit dem
Erwerb eines ziemlich grotesken Hutes sein Händchen für guten Geschmack bewiesen. Ich erinnere mich noch an eine Sonnenbrille, die er
in Florida erworben hatte und ihn wie Puck, die Stubenfliege aussehen
ließ. Aber es war ja sowieso egal, was andere sagten. Es ging Tamme
an diesem Tag alles nicht schnell genug. Er drängte das Team zum Aufbruch und Thomas versuchte, auf dem Kofferraumdeckel eines Cabrios
sitzend, während der Fahrt Aufnahmen mit der Drohne zu machen. Ob
es nun an der Sonne oder an anderer Ablenkung lag, die Drohne lande-
te in einem Baum und war von dort nicht mehr zu bewegen. Tammes
Laune besserte sich aber zusehends, als er die Möglichkeit hatte, passende Kommentare zu diesem Missgeschick zu geben. Thomas musste
sich den einen oder anderen Spruch anhören, zumal er am Abend vorher vergessen hatte, das Material zu sichern. Letztendlich mussten wir
einen Autokran aus Brisbane kommen lassen, um die Drohne aus dem
Baum zu bergen.

Für mich war die nächste Station unserer Reise eine der Schönsten:
Alice Springs und der Besuch einer Kängurufarm. Die Tiere lebten zwar
frei im Outback, waren aber zutraulich und fast zahm, weil sie mit der
Flasche aufgezogen worden waren. Es machte mir viel Spaß, die kleinen Kängurus auf dem Arm zu haben und zu füttern, sie zu streicheln
und mich mit ihnen zu beschäftigen. Tamme saß gelangweilt im Wagen,
trank Wasser und spielte an seinem Handy. Wasser, das war übrigens
der absolut entscheidende Stoff, den wir brauchten. Unsere Wagen
waren immer bis zum Bersten mit Wasserflaschen gefüllt, um die Hitze
einigermaßen erträglich zu gestalten. In Alice Springs erwarteten uns
auch noch weitere Überraschungen, bei denen Tamme wieder sehr kon-
zentriert und aufmerksam war: Zwei australische Polizistinnen mit ihren
Pferden, denen er sozusagen Hilfe zur Selbsthilfe gab. Sie hatten in
ihrem Leben im australischen Busch natürlich noch nie so etwas wie einen Knochenbrecher gesehen oder von ihm gehört und so waren sie auf

Alice Springs

der einen Seite sehr beeindruckt von den Kenntnissen und Fähigkeiten, auf der anderen Seite ziemlich dankbar, dass Tamme ihnen eine Menge Tipps und Tricks zeigte, die sie dann anwenden konnten, wenn Tamme mal nicht da war – und das würde wohl die allermeiste Zeit ihres Lebens sein. Wir konnten auch eine ganz besondere Rennbahn besuchen, nämlich die einsamste Pferderennbahn der Welt, mitten in der australischen Wildnis. Es ist übrigens auch die einzige Rennbahn, deren Geläuf mit Öl getränkt wird. Wasser würde nichts nützen, es würde sofort wieder verdunsten.

Natürlich, wenn wir schon in Australien waren, mussten wir auch eines der absoluten Wahrzeichen dieses Landes besuchen, den Uluru, den heiligen Berg der Aborigines. Einigen ist er vielleicht noch unter dem Namen Ayers Rock bekannt, aber im Zuge der Anerkennung der Repressalien, die die Ureinwohner Australiens durch die britischen Kolonisten erfahren haben, wird seit 2002 wieder sein ursprünglicher Name verwendet. Wir waren sehr interessiert an den Gebräuchen und Traditionen ursprünglicher Völker und deren Nachkommen. Tamme war ja irgendwie auch Nachkomme eines alten Volkes, der Ostfriesen, und pflegte deren Traditionen und Bräuche. Aber manches kam uns dann doch „komisch" vor am Uluru. Zunächst bekamen wir eine Einweisung, welche Wege wir betreten und welche Pfade wir benutzen durften. Andere waren verboten, da diese heilig waren. Konnten wir das noch verstehen, viel es beim Drehverbot für manche Spalten des Berges schwieriger. Uns wurde erklärt, dass diese in der Religion der Traumpfade auch heilig seien, die von den dortigen Aborigines praktiziert wurde. Für die Drehgenehmigung mussten wir übrigens viel Geld bezahlen. Natürlich hielten wir uns auch daran, aber komischerweise war es kein Problem, dass alle anderen Touristen die Spalten fotografierten und filmten. Das genaue Wieso und Weshalb hat wohl keiner von uns verstanden. Ebenso verhielt es sich mit einer „Aufführung" bzw. Präsentation, die für uns arrangiert wurde. Zwei ältere Aborigines-Frauen stellten für uns Medizin her. Dies sah dann so aus, dass sie sich unter einen verdorrten Strauch setzten, ein Feuer machten, einen alten Topf auf dieses Feuer setzten, zwei Liter Olivenöl und einige Zweige hineingaben und das Ganze gute

Besuch bei
den Aborigines

Tamme mal mit Schutznetz,
obwohl er nie gestochen wurde

Ihm setzte aber die Hitze sehr zu

20 Minuten kochen ließen. Dann sagten sie: „Medizin ist fertig." Ein einträgliches Geschäft, würde ich sagen. Tamme fand das Ganze auch so spannend, dass er zwischendurch einschlief und ich ihn immer wieder wecken musste, da ein schlafender Tamme im Fernsehen kein gutes Bild abgeben würde. Er war sichtlich unzufrieden, hatte er sich auf dieses Treffen doch sehr gefreut, da er selbst zuhause ja viel mit alten, überlieferten Rezepturen arbeitete.

Tamme setzte die Hitze zu, wie uns allen anderen auch. Aber im Gegensatz zu uns anderen, hatte er wenlgstens das Glück, nie von einer Mücke gestochen zu werden. Es amüsierte ihn, wenn wir mit Mückennetzen und vollständig eingepackt durch das Outback liefen und er sich unbehelligt von den Plagegeistern bewegen konnte. Und dies war nicht nur in Australien so, wo die Mücken besonders nervig waren. Auch in der Camargue oder in Florida, wo ähnliche Bedingungen herrschten, konnte er sich frei bewegen und wurde nie gestochen.

Unsere Reise näherte sich dem Ende. Wir flogen zurück nach Sydney, um dort die letzten Bilder für die Folge zu drehen. Auf dem Flug sahen wir noch beeindruckende Salzseen, die einem aufzeigten, dass Teile Australiens aus dem Ozean entstanden sind. In Sydney sollten wir für das Abschlussbild zwölf Stunden Aufenthalt haben. Wenn man in dieser großartigen Stadt ist, wird natürlich die Oper, das Wahrzeichen, gewählt. Also, alle aus dem Flugzeug raus, in die Taxen hinein und einen entsprechenden Platz gesucht. Der war auch schnell gefunden, aber leider war dort das Licht so schlecht, dass Aufnahmen nicht möglich waren. Also sind wir alle mit dem kompletten Equipment auf die Suche nach einem anderen Drehort durch einen Park gehetzt, in dem Drehen strengstens verboten war, aber darauf konnten wir keine Rücksicht nehmen. Tamme musste ich bei solchen Gelegenheiten immer antreiben. Ihm waren die Bilder egal und das Produktionsteam hatte schließlich dafür zu sorgen, dass die Aufnahmen klappten. Wenn er keine Lust hatte, dann passierte auch wenig oder nur mit viel Überredungskraft und -geschick. Aber auch diese Reise fand einen versöhnlichen Abschluss, wir trafen im Hafen auf Bill, wie schon beschrieben Tammes erster Lehrling, und

Die Brille aus Florida

das Treffen berührte ihn doch sehr. Nach solchen Reisen war Tamme voller Eindrücke. Von diesen zu berichten fiel ihm manchmal schwer. Zuviel war da, was er erlebt hatte und was erst einmal verarbeitet werden musste. Natürlich, es gab wunderbare Anekdoten und er erzählte viel über die Tiere, die er getroffen hatte, aber für andere Geschichten brauchte es Zeit.

Die ganzen wunderbaren Bilder, die anschließend im Fernsehen gesehen werden konnten, verführen vielleicht zu der Annahme, dass wir einen zauberhaften Urlaub in Wales und Australien verbracht haben. Dies täuscht etwas. Auch wenn Tamme wenig Rücksicht auf die Produktion nahm, so waren doch auch für ihn, wie für alle anderen auch, die extremen Temperaturen, die langen Fahrten und Flüge, die ständig wechselnden Begebenheiten eine ziemliche Strapaze. Neben seinen ganzen anderen Verpflichtungen, die ihn auch sehr viel Kraft kosteten. Aber er wollte es so.

Ihn trieb dieser Wille an, zu helfen und ständig Neues zu erfahren. Er, der rastlos war, durfte nicht innehalten. Immer weiter, immer neue Visionen, immer noch einem Tier helfen.

Zurück auf dem Hankenhof erwartete uns natürlich eine Menge liegengebliebener Arbeit. Tamme schaute sich kurz um, bemerkte, was ihm nicht gefiel oder was ihm gefiel, gab Anweisungen und war dann wieder fort. Zum nächsten Termin bei einer Sammelstelle, ein weiteres Interview geben, sich neue Tiere für die Zucht anschauen, eine neue Folge produzieren. An mir und den guten Geistern des Hankenhofes blieb die Ausführung seiner Wünsche dann hängen. Meine eigene Arbeit wollte und konnte ich darüber natürlich auch nicht vergessen. Ich weiß nicht, wie lange dieser Rhythmus noch weitergegangen wäre. Viele gute Freunde und Freundinnen rieten Tamme dazu, etwas kürzerzutreten und natürlich machte auch ich mir Sorgen und sah ihn an seine Grenzen kommen. Aber sein Sturkopf siegte meist über solche Bedenken und er wischte sie einfach fort.

Zu Beginn des Herbstes wurde ihm, wie erwähnt, ein Herzschrittmacher eingesetzt, damit er es einfacher hatte. Ich habe das begrüßt, hatte ich doch mal gelesen, dass unser ehemaliger Bundeskanzler Helmut Schmidt in seinem Leben insgesamt fünf Herzschrittmacher bekommen hatte, sich wohlfühlte und damit ja auch sehr alt geworden ist – und das bei Stress und Gewohnheiten, die der Gesundheit sicherlich nicht gut getan haben. Routine und nichts, worüber wir uns ernsthaft Sorgen gemacht hätten. Natürlich ein Warnzeichen und Hinweis auch auf seine Endlichkeit. Er wollte sich erholen und zu neuen Kräften kommen. Das hatte er im Rahmen seiner Möglichkeiten geplant. Wie aber auch, neue Folgen für den NDR und Kabel 1 zu produzieren.

Er fuhr nach Bayern, ihm ging es gut. Er besuchte das Oktoberfest und suchte Orte auf, an denen er Ruhe finden konnte. Diese kleinen Auszeiten in den Bergen bei Freunden hat er immer genossen und geliebt. Auch wenn er sich letztendlich nach seiner Heimat, dem platten Land mit dem unendlichen Blick sehnte. Er konnte nicht ohne diesen Flecken Erde, aber auch nicht mit – nicht ausschließlich. Er musste fort, um wieder heimkommen zu können.

Am 10. Oktober 2016 trat er seine letzte Reise an.

Kapitel 6

Wie soll es nun weitergehen?

Die Beschäftigung mit diesem Buch hat bei mir intensive Erinnerungen hervorgerufen und mir bei der Verarbeitung dessen, was passiert ist, geholfen. Erinnerungen an viele schöne, gemeinsame Erlebnisse, aber auch an das, was wir gemeinsam noch angehen wollten, was unsere Visionen, Träume und Hoffnungen waren. Vieles ist mit Tamme gegangen. Aber vieles bleibt auch bestehen. In dem Bestreben, einiges davon ohne ihn umzusetzen, sehe ich meinen Anteil, die Erinnerung an ihn ständig lebendig zu erhalten und für die Nachwelt greifbar zu machen.

An die ersten Tage und Wochen nach seinem Tod erinnere ich mich nur bruchstückhaft. Sie sind an mir vorbeigerauscht wie ein Sturm, der die Küsten Ostfrieslands umpeitscht und Spuren hinterlässt. So viel brach auf mich ein. Zeit zum Luftholen war kaum. Wie konnte es sein, dass er nicht mehr da war und was sollte diese Leere? Der Medienaufruf war gewaltig. Ständig prasselten Anfragen von Verlagen, Zeitschriften und Sendern auf mich ein und der Hankenhof erlebte auch den einen oder anderen ungebetenen Gast. Nicht nur ich war geschockt. Der gesamte Hof mit seinen lieben Menschen, die uns immer in unserer Arbeit unterstützt haben, Eric, Becky, Gisela und all die anderen, auch freiwilligen Helfer, bewegten sich wie in einem Vakuum. Sie funktionierten, weil die Tiere nicht wissen konnten, dass ihr Tamme nicht mehr kam. Manchmal hatte ich aber das Gefühl, dass auch sie trauerten, besonders Tiere, die Tamme sehr nahe standen, wie z. B. Püppie oder Jumper. Tamme war so gestorben, wie er es sich gewünscht hätte. Aus der Arbeit gerissen, aus dem Leben gerissen, ohne zu leiden. Einfach fort. Weg. Zu früh, natürlich viel zu früh. Aber es war mir ein kleiner Trost, dass er wirklich nicht leiden musste. Dies

Ausritt zur
Elbinsel Neuwerk

sagte ich mir immer wieder. Er hätte es nie ertragen, zu einem Pflegefall zu werden. Seine eigene Vergänglichkeit war ihm zuwider. Gebrechlichkeit gab es bei ihm nicht, er ließ sie nicht zu, er ignorierte sie. Im Rückblick drängte sich mir natürlich die Frage auf, ob Tamme schon etwas erahnt hat von seinem Ende. Wir haben nicht über den Tod gesprochen. Aber wie für anderes, wird er vielleicht auch dafür eine besondere Gabe gehabt haben. Bei Menschen, die ihm gegenüberstanden oder die er sah, konnte er „das" sehen. Er hat immer Recht behalten, wenn er mir davon erzählt hat – auch vom zeitlichen Rahmen her. Aber selbst dieser Gabe trat er mit seiner stoischen Gelassenheit und Sturheit entgegen.

Er lebte und arbeitete, weil das sein Leben war.

Was mich in den ersten Tagen am meisten berührte, war die Anteilnahme so vieler Menschen. Dass Tamme bei vielen beliebt war und gemocht wurde, zeigten seine erfolgreichen Sendungen, seine Kummertage und all die Reaktionen in den sozialen Medien. Aber dass so viele Menschen tiefe Trauer und Fassungslosigkeit zeigten, berührte mich zutiefst. Zahlreiche E-Mails und Briefe spendeten mir Trost in diesen Stunden. Wie vielen Menschen hatte er etwas bedeutet und war, wenn vielleicht auch nur medial, ein Bestandteil ihres Lebens geworden.

Aber die heutige Medienwelt funktioniert auch anders und so gab es Berichte, die so weit von der Wahrheit entfernt waren, wie es nur möglich ist. Eine Schlagzeile um der Schlagzeile Willen. Zum Glück war dies eher die Ausnahme als die Regel. Die allermeisten Berichte waren sehr mitfühlend und versuchten einfach, die Situation zu schildern wie sie war und nahmen Rücksicht auf die besonderen Umstände. Ich konnte und wollte aber nicht alles richtigstellen. Vielleicht ein Fehler, aber dazu war ich zu sehr in Trauer und mit anderen Dingen beschäftigt.

Nicht nur ich wurde von den Medien aufgesucht. Auch viele Tamme nahestehende Menschen, wie unsere Freunde bei den Sammelstellen oder

Tamme liebte Bootsfahrten

Bilder aus
glücklichen
Zeiten

„Darf ich bitten, Gnädigste?"

andere Persönlichkeiten sollten plötzlich Statements abgeben oder die einzig wahre Geschichte erzählen. Ich bin vielen sehr dankbar, dass sie einen sehr besonnen Umgang mit den Medien pflegten und mich, wo es ging, unterstützten.

Der Nachlass musste geregelt werden. Zuerst aber die Beerdigung, die wir im kleinen Kreis abhielten – kleiner Kreis, na ja, auf jeden Fall mit den Menschen, die mir wichtig waren und denen es wichtig war, den letzten Weg Tammes mit mir gemeinsam zu gehen. Dies im Sinne Tammes. Es sollte kein Event werden, sondern die Möglichkeit für die engsten Freunde, Familienangehörigen und Menschen, die uns wichtig waren, Abschied zu nehmen. Dafür war ich sehr dankbar.

Vieles war nicht geregelt und vieles brach jetzt über mich herein. Tamme hatte mir ein Nest gebaut und dieses Nest wollte ich erhalten. Das stellte ich keine Sekunde in Frage, dies war und ist mein größtes Bestreben. Ich musste mich umorientieren, musste schauen, was machbar war und wie ich dies alles fortführen konnte. Dafür waren aber auch schwierige Einschnitte notwendig, die manchmal auf Unverständnis stießen – bei denen, die einfach nur von außen auf die Situation schauten und nicht wussten, was wirklich passierte. Ich beschloss, die Zucht zu verkleinern, auf ihre Kernkompetenzen zu reduzieren. Ich würde in der Zukunft nicht mehr die Zeit haben, mich um alle Tiere zu kümmern. Tamme konnte seine Tiere schlecht loslassen, sodass wir auf dem Hof, aber auch bei Freunden, Tiere untergebracht hatten. Es war selbstverständlich, dass einige Tiere, wie z. B. Jumper oder Püppie niemals den Hof verlassen würden. Aber ich musste mich von anderen Tieren trennen. Auch dafür wurde ich angefeindet, aber ein anderer Schritt war nicht möglich. Auch im Sinne der Tiere. Diese bedurften einer intensiven Pflege und dafür hatten ich und mein Team nicht mehr die notwendigen Ressourcen, weil wir uns auf anderes konzentrieren mussten. Auch von den Welsh-Black-Rindern trennte ich mich. Unser Freund Dr. Jannssen nahm unsere Tiere mit in seine Herde auf. Mir war klar, dass es ihnen dort sehr gut gehen würde und sie die besten Bedingungen für ein artgerechtes Leben vorfinden würden.

Hölzerne Hochzeit

Wohin wollte ich nun? Auf alle Fälle sollte die REHA weitergeführt und ausgebaut werden. Tamme und ich hatten in der Vergangenheit viel über ganzheitliche Konzepte gesprochen. Dazu gehörte neben seinen Behandlungs- und meinen Trainingsmethoden auch eine optimale Versorgung der Tiere mit hochwertigem Futter und insbesondere bei Pferden die intensive Zusammenarbeit mit Schmieden und Sattlern. Sehr vieles konnten wir schon anbieten, um das Paket rund zu machen. Ich wollte und will dies weiter fortführen. So investierte ich viel in meine eigene Fortbildung und besuchte Kurse, die mein Wissen erweiterten und mir die Möglichkeit zur umfassenderen Behandlung von Pferden geben konnten. Ich vertiefte z. B. die Craniosacrale Therapie, um noch besser Verspannungen und Blockaden zu erkennen und diese erfolgreich behandeln zu können.

Um den vielen Fans die Möglichkeit des Erinnerns zu geben, baute ich den XXL-Shop weiter aus und stellte Artikel ein, die Tamme selbst gerne gemocht hatte bzw. die sein Andenken würdigen sollten. Auch der Gesundheits-Shop wurde weiter ausgebaut und ganz im Sinne einer gesunden und ganzheitlichen Behandlung und Fütterung von Pferden und Hunden optimiert. Aber auch bei diesen Aktionen, wie dem Verkauf eines Teils unseres Tierbestandes, gab es Menschen, die mich für diese notwendigen Aktionen anfeindeten, von Ausverkauf und der Schädigung des Andenkens Tammes sprachen. Dies hat mich doch sehr verletzt und ich frage mich immer, was diese Menschen antreibt, einfach zu urteilen, ohne Hintergründe zu kennen oder sich umfassend zu informieren. Den Shop gab es schon vorher und die allermeisten Artikel waren zu Tammes Lebzeiten auch zu erwerben. Aber das schien die nicht zu interessieren, die mich einfach nur angreifen wollten.

Um die Weihnachtszeit stellten wir auf dem Hankenhof zwei neue Verkaufsbuden auf, um den zahlreichen Besuchern die Möglichkeit zu geben, vor Ort Andenken an Tamme und unsere Artikel aus dem Gesundheits-Shop für Tiere erwerben zu können. Eine Möglichkeit, die auch heute jederzeit gegeben ist.

Carmen und Becky in den USA

Ich musste mich erst einmal damit abfinden, dass ich nun im Blickpunkt der Öffentlichkeit stand. Neben der Trauer, mit der ich auch irgendwie umgehen musste, der sehr, sehr vielen Arbeit und Verantwortung für und auf dem Hankenhof, musste ich mich nun auch in diese Rolle einfinden. Sicherlich sind die einen oder anderen Aussagen in den zahlreichen Interviews getätigt worden, die ich heute anders formulieren würde. Aber auch ich bin wie ich bin. Vielleicht manchmal einfach zu ehrlich. Aber dies werde und möchte ich nicht verändern. Ehrlichkeit und Wahrheit waren und sind so wichtige Werte in meinem Leben, die mir schon von Kindesbeinen an vermittelt wurden, dass ich sie auf gar keinen Fall aufgeben oder verändern werde. Auch um den Preis, manchmal missverstanden oder nicht von allen gemocht zu werden.

Kabel 1 kam in dieser Zeit auf mich zu, um eine Doku-Reihe zu drehen mit dem Titel „Neues vom Hankenhof". Die Grundidee der Sendung sollte sein, auf den Spuren Tammes zu schauen, was aus den behandelten Tieren geworden ist und wie es auf dem Hankenhof weitergeht. Nach anfänglichen Bedenken war ich angetan von dieser Idee. Auf der einen Seite würde es vielleicht vielen Leuten zeigen, dass Tammes Behandlungen nicht nur kurzfristige Erfolge waren, sondern nachhaltig wirken, und auf der anderen Seite konnte ich zeigen, dass das Team und ich die Arbeiten auf dem Hankenhof all die Jahre bereits verrichtet haben und sie für das, was ich mit dem Hankenhof vorhatte, begeistern. Die erste Reise führte Becky und mich in die USA. Dreiwerk TV produzierte die Folgen wieder und so wusste ich, dass ich dort gut aufgehoben war. Obwohl mir Tamme einiges von seinen Reisen in die USA erzählt hatte, war es für mich sehr bewegend, mit den Tieren und Menschen in persönlichen Kontakt zu kommen, die ich sonst nur aus Erzählungen bzw. aus dem Fernsehen kannte. Auch bedurfte es einer kleinen Eingewöhnungszeit, plötzlich der Mittelpunkt einer Sendung zu sein. Ich hatte Tamme ja bei einigen Folgen begleitet, spielte dort aber nicht die Hauptrolle. Wie immer war der Dreh von dem Team sehr gut vorbereitet und ich nahm mir vor, fernsehgerechter zu agieren, als es Tamme getan hatte, um so eine reibungslose Produktion zu ermöglichen. Mir war schon bewusst, dass ich es mit dieser Aufgabe wieder einmal nicht allen Leuten recht machen konnte. Wie kann die Frau in der Welt herumreisen, wo sie doch trauern muss? Braucht sie jetzt auch schon das Fernsehen als Verkaufskanal? Und so weiter und so fort. Es schmerzte immer noch, aber ich lernte immer besser damit umzugehen.

In dieser schweren Zeit, die gerade um Weihnachten herum mit vielen sehr schönen, aber teilweise auch schmerzlichen Erinnerungen an Tamme verbunden waren, ereilte mich ein weiterer Schicksalsschlag: der Tod meiner geliebten Mutter, die am 29.12.2016 friedlich entschlief. Nun hatte ich innerhalb kürzester Zeit die beiden wichtigsten Menschen in meinem Leben verloren. Ich denke, sie sitzen im Himmel zusammen und wachen hoffentlich über mich, den Hankenhof und das Team, das mich unheimlich toll unterstützt.

Ankunft in L.A.

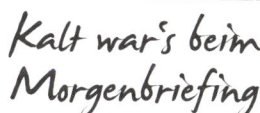

Kalt war's beim
Morgenbriefing

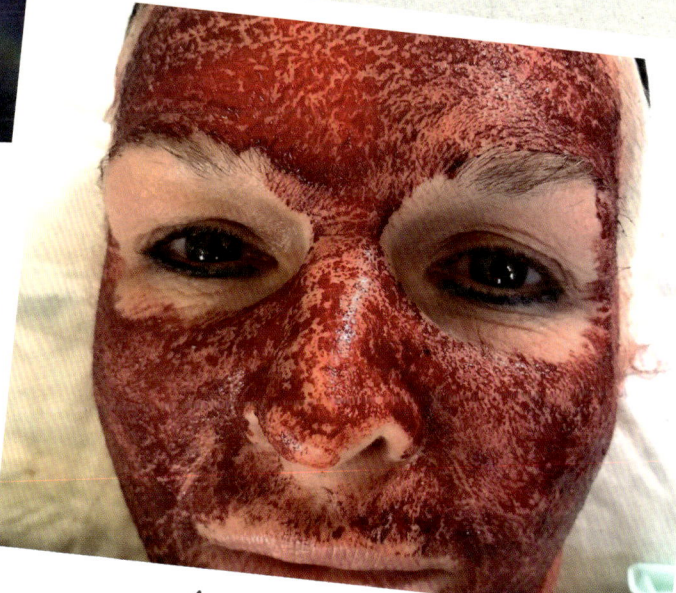

Blutegeltherapie –
eine interessante Erfahrung

Carmen im Dschungel Ecuadors

Bei meinem Unfall mit unserem Pferdetransporter am Silvester-Morgen hatte ich bestimmt einen ganz großen Schutzengel – einen XXL-Schutzengel. Vielleicht wachten bei dieser Gelegenheit schon Tamme und Mutti über mich. Eine nicht beseitigte große Ölspur brachte meinen Wagen in einer Kurve von der Fahrbahn ab und ich knallte frontal gegen einen Baum. Zum Glück war es ein großes und robustes Fahrzeug und die Airbags öffneten sich, sodass mir, außer einigen Prellungen und Abschürfungen, nichts weiter passiert ist. Wenn ich mir heute Bilder des Unfalls ansehe, mit dem total demolierten Wagen, dann kann ich wirklich sagen, dass mich jemand sehr gut beschützt haben muss.

Im Januar produzierten wir eine weitere Folge „Neues vom Hankenhof", diesmal in Ecuador. Dort kam es zu einer sehr bewegenden Begegnung mit Heidi Paliz, die Tamme schon bei seinem ersten Besuch kennengelernt hatte, und ihrem Pferd Paquito, dem Tamme wie schon beschrieben noch einmal viel Lebensqualität zurückgab. Heidi ist seit vielen Jahren die Leiterin der Stiftung Fundacion Amore & Energie. Diese kümmert sich um Kinder mit Handicaps, denen durch Rekreations- und Hippotherapie Erholung und Linderung ihrer Beschwerden verschafft wird. Ich war sehr beeindruckt von dieser Arbeit. Da ja auch ich viel mit Kindern arbeite, waren wir sofort auf einer Wellenlänge und ich hoffe, dass es noch zu einer weiteren fruchtsamen Zusammenarbeit kommen wird. In Ecuador war Tamme und auch später ich bei dem Stamm der Tsatschilas. Tamme entdeckte dort eine Wasserader und ich regte mit dem Tsatschila-Freund und -Experten Karl Röske einen Spendenaufruf an, um die Kosten für einen Brunnen zu sammeln. Ich führe dieses Projekt jetzt mit Karl Röske weiter. Wir hoffen hier unser Ziel, einen Brunnen für die Tsatschilas bauen zu können, zu erreichen und haben schon einige Gleichgesinnte gefunden, die auf unser Spendenkonto eingezahlt haben.

Um die ganze ehrenamtliche Arbeit und die Spendenprojekte besser und effektiver gestalten und koordinieren zu können, gründe ich mit Hilfe von lieben Menschen einen Verein, unter dem diese Aktivitäten gebündelt werden. Dies gibt uns mehr Handlungsspielraum, um noch effektiver mit den Spendengeldern umzugehen. Das Konto gibt es schon länger, weil wir seit 2010 die Arbeit des Elternvereins für krebskranke Kinder in Ostfriesland unterstützen. Die Spendengelder müssen nun mit Stichwort zugeordnet werden.

Ich arbeite weiterhin an einem ganzheitlichen Konzept für den Hankenhof. Dazu gehören neben der akuten Behandlung erkrankter Tiere auch präventive Maßnahmen, wie z. B. die richtige Ernährung und das Reiten von Pferden gemäß ihrer Natur – seit ca. 30 Jahren mein Steckenpferd. Ich biete Pferdehaltern ein Gesamtpaket, bestehend aus Beratung, Pflege, Haltung und Training. Mit unseren derzeitigen Behandlungsmethoden in der REHA erreichen wir schon sehr viel, da ich mich mit meinem Training auf die Bewegungsmechanik der Pferde spezialisiert habe. Auch wenn ich natürlich nicht Tammes Gabe habe, so stehen mir und meinem Team doch sehr viele Möglichkeiten und Therapien zur Verfügung. Ich arbeite weiterhin mit Spezialisten ihres Faches zusammen mit einem sehr guten Schmied, einem hervorragenden Tierarzt und einem tollen Sattler.

Tamme hatte gemeinsam mit zwei Kollegen begonnen, einen Betrieb für die Erzeugung und den Vertrieb gesunden Hundefutters aufzubauen, war aus diesem Unternehmen aber wieder ausgestiegen. Da mir die Grundrezepte der meisten Futterzusammenstellungen u.a. für Welpen und Seniorhunde vorlagen, habe ich mich mit dem Wunsch, ein hochwertiges Hundefutter produzieren zu lassen, an einen Fachmann gewendet. Dieses Hundefutter biete ich nun in sechs Sorten im Glas an. Es erstaunte uns immer, wofür die Leute viel Geld auszugeben bereit waren: einen noch größeren Fernseher, ein noch schnelleres Handy etc., aber für die ach so geliebten Tiere, gab es dann nur minderwertiges Futter. Nein, natürlich gibt es wirklich sehr viele Halter, die sich mit bestem Wissen und Gewissen um ihre Tiere kümmern, aber wir möchten eine Alternative anbieten, um aufzuzeigen, dass gutes, gesundes und ausgewogenes Futter ein ganz elementarer Bestandteil für die Gesundheit und das Wohlbefinden eines Tieres ist. Zurück zur Natur ist die Devise, so wie Pferde und Hunde gemäß ihrer Natur gefüttert werden

Carmen bei den Tsatchilas

sollten. Mir ist bewusst, dass es genügend Tests gibt, die z. B. Discounter-Hundefutter eine hohe Qualität bescheinigen und bei diesen Tests auch manch teures, als besonders hochwertig angepriesenes Futter sehr schlecht abgeschnitten hat. Aber wie bei vielen Dingen kommt es auch hier manchmal auf die Blickweise an, mit der man auf Produkte schaut und auf die richtige Fragestellung. Tamme und auch ich waren davon überzeugt, dass Tiere hochwertiges Futter verdienen, das sie, wie unsere eigenen Tiere, gesund hält. Hier heißt es Qualität ist wichtig, nicht Quantität. Futter, das nur kurzfristig sättigt und die Balance an wichtigen Inhaltsstoffen nicht gewährleistet, kamen für Tamme und kommen für mich nicht in Frage.

Ich habe vor, einige neue Veranstaltungen auf dem Hankenhof zu etablieren und Liebgewonnene beizubehalten. In diesem Jahr fand zum

Carmen mit Juan
Bernardo Bermeo

ersten Mal ein öffentliches Osterfeuer auf dem Hof statt. Wir schichteten eine Menge Holz auf dem Festplatz auf, positionierten einige Stehtische und sorgten für ausreichend Getränke und Essen. So viele Menschen hatten wir gar nicht erwartet, freuten uns aber umso mehr. Uns war es auch wichtig, den Menschen eine Gelegenheit zu geben, miteinander zu kommunizieren und ins Gespräch zu kommen.

Wer auf den Hankenhof kommt, soll sich zuhause fühlen. Das wurde hier immer gelebt!

Am 1. Mai gab es den Tag der offenen Stalltür. Er stand ganz im Zeichen des Themas „Gesundheits-Kompetenz-Zentrum" Es gab „lebendige"

Carmen mit Heidi Paliz
und Guide Marco

Mit Foodhunter Karl Röske
bei den Tsatchilas

Dreharbeiten in Ecuador

Vorträge von Sattler Herbert Willms und Tschandra und dem Dentisten Peter Eylers, der seit Jahren mit seinem Kollegen Ralf Kirchner unseren Pferden die Zähne macht. Ich habe die Vielfältigkeit der REHA in einer Führung erklärt, vor allem im Zusammenhang mit dem gesamtheitlichen Konzept „Balance von Pferd und Reiter" und dem „BARS-Balance Reit-System". Auch im Viereck wurden Auszüge aus der Arbeit mit dem ganzheitlichen Konzept gezeigt. Meine Mädels waren wie schon so oft wieder am Start und unterstützten mich mit gutem Reiten. Eine Präsentation unseres Standes des Gesundheits-Shops „Zurück zur Natur" mit Futter für Pferde und Hunde fand sehr großes Interesse.

Für Abwechslung sorgten dann unsere Deckhengste und auch die Fohlen vom Hankenhof freuten sich über das große Publikum.

Im Mai veranstalteten wir ein Vatertagsfrühstück nicht nur für die Herren der Schöpfung. Wir haben uns sehr über den regen Zuspruch gefreut und über viele Zusagen, im nächsten Jahr wieder daran teilzunehmen. Diese Tradition habe ich aus meiner Heimat mitgenommen. Dort wurde am Vatertag in einem Waldstück eine große Tafel aufgebaut. Man bezahlte seinen Obolus, wählte die Zutaten für ein leckeres Frühstück und so wurde unter freiem Himmel in herrlicher Natur zusammen gegessen.

Pfingstmontag gab es wieder – wie in den letzten Jahren zuvor – eine Fohlenschau.

Und natürlich wird es auch wieder ein Hofspektakel, u. a. mit der Qualifikation zum Deutschen Fohlenchampionat geben. Ich beschäftige mich, während dieses Buch geschrieben wird, schon ausführlich mit der Planung. Es wird wohl kein großes Feuerwerk geben. Tamme hat es zwar immer sehr gemocht, aber ich möchte das Geld dafür lieber in andere Projekte stecken, von denen ich glaube, dass sie für Mensch und Tier sinnvoller sind.

Sehr am Herzen liegt mir weiterhin der Kontakt zu Kindern und Jugendlichen. Wir haben zwar immer wieder viele Anfragen für Praktika bei uns auf dem Hof bekommen, da wir aber in der Vergangenheit oft schlechte

Carmen mit Guide Marco und
Juan Bernardo Bermeo auf dessen
Farm in Ecuador

Guide Marco erklärt Carmen
ecuadorianisches Streetfood

Am Äquator mit Produzent Thomas Schmidt,
Tonmann Lenin und Kameramann Simon

Carmen bei der NDR-Landpartie
in Celle 2007

J.R. darf auch mit

Erfahrungen damit gemacht haben, haben wir das eingestellt. Beim jährlichen Girls-&-Boys-Day im April geben wir aber bis zu zehn jungen Leuten die Möglichkeit, bei uns einen Tag reinzuschnuppern. Auch deshalb plane ich, ein Jugendtreffen auf unserem Hof zu organisieren. Dabei möchte ich mit den Jugendlichen einen ganzen Tag verbringen, mit ihnen darüber sprechen, was für sie wichtig ist, was sie bewegt, wie sie ihre Schule und Freizeit sehen, welche Werte wichtig sind und vieles mehr. Ich möchte nicht mit dem erhobenen Zeigefinger belehren, sondern Aufmerksamkeit und Achtung für die Natur und die Tiere wecken. Das sind zwei für mich wichtige Themen, die meine Kindheit und mein Empfinden nachdrücklich geprägt haben.

Vieles geht mir durch den Kopf, wie ich Tammes und meine Visionen umsetzen kann und den Hankenhof so erhalte, dass er ein fester Bestandteil im Denken der Menschen ist, die für ihre Lieblinge einen Ort suchen, an dem ihnen geholfen werden kann. Niemandem ist mehr bewusst als mir, dass Tamme nicht zu ersetzen ist. Das will und kann ich auch gar nicht. Die Arbeit auf dem Hankenhof wird mit meinem Fachwissen verknüpft. Aber ich kann vielleicht den Geist, die Werte und diese unbedingte Liebe zu den Tieren, die Tamme immer ausgezeichnet hat, weiterleben lassen, sodass er von seiner Wolke aus zufrieden auf uns herunterblickt und sagt:

„Cürti, das machst du richtig gut!"

Danksagung

So viele Menschen haben mich bei der Arbeit an diesem Buch unterstützt und mir geholfen, vieles von dem, was auf mich einbrach, erfolgreich zu bewältigen.

Zuerst möchte ich natürlich dem Verlag danken, der immer an das Projekt geglaubt und mit voller Unterstützung zu dem Gelingen beigetragen hat. Insbesondere danke ich Ulrike Reihn-Hamburger und Corinna Röger.

Des Weiteren gilt mein Dank meinem Autor Kai Schmid, der das, was ich ihm in vielen Stunden des gemeinsamen Zusammensitzens erzählt habe, so wunderbar in Worte gefasst hat. Auch wenn er sich sicherlich noch viel mehr Gelegenheiten des Zusammensitzens gewünscht hätte und meinen vollen Terminkalender bestimmt auch mal verflucht hat, so war er doch geduldig mit mir und eine sehr wertvolle Unterstützung.

Dann möchte ich meinem Team auf dem Hankenhof danken, ohne das ich diese ganze Arbeit nicht bewältigen konnte und kann, die immer loyal zu mir stehen und Tammes Andenken mit ihrer hervorragenden Arbeit in Ehren halten. Mein Dank gilt Becky, Ramona, Eric, Gisela und natürlich auch allen Verwandten und Freunden.

Viele Menschen haben mich nicht nur als Freunde unterstützt, sondern mit ihren Geschichten auch zu dem Buch beigetragen. Insbesondere möchte ich deswegen Angela Parrish, Dr. Jan Janssen, Thomas Riedl, Dagmar Wöhr, Florian Schelle, Thomas Bannenberg und Simone Loschke Dank sagen. Alle die, die ich nicht namentliche nenne, die aber in meinem Herzen sind, sollen auch nicht vergessen sein.

Ich möchte auch den wunderbaren Menschen vom NDR und von Kabel 1 danken, die uns so viele Jahre begleitet und so wundervolle Folgen produziert haben.

Genauso wie dem gesamten Team von Dreiwerk TV, insbesondere Thomas Schmidt und André Schubert, die mit Tamme und mir so tolle Sendungen für den NDR und Kabel 1 produziert haben.

Last but not least möchte ich Tina van den Berg und Stefanie Sauer von S2 Entertainment und S2 Management herzlich danken, die viel zu dem Gelingen dieses Buches beigetragen haben und mich in allen meinen Vorhaben geduldig und professionell unterstützen.